柳 宗 理　设 计

デザイン

［日］柳 宗 理 著　金 静 和 译

新 星 出 版 社　NEW STAR PRESS

SORI YANAGI DESIGN

目录

对设计的思考

1. 设计与创造

随着技术的发展与细分、各种新材料的出现，以及现代化过程中人们生活的变化，便产生了设计。换句话说，设计是将当今的各种新构成元素有机融合的技巧，也可以说是艺术。

设计至高无上的目的，就是为了人类的使用。

没有创造就不是真正意义上的设计。所以，没有创造就只是模仿，不能称之为真正的设计。

设计的创造并不是表面上外观的变化，而是运用创意对内部结构进行改革。

设计的形态之美无法只靠表面上的粉饰打造，必须由内而外渗透。

真正的美是孕育而来的，而不是凭空创造的。

设计是有意识的活动，然而，刻意违背自然的行动是丑陋的，需要有意识地尽量遵从大自然的定律。在设计行为中，这种意识在极致的情况下会成为无意识，而美就在到达这种无意识的时刻开始产生。

优秀的设计师是尽量依循自然法则，并尽可能地将其充分利用的人。

设计也是一种创作活动。创作需要想象力。因此，设计师必须是想象力丰富的人，头脑不能太僵硬。

想获得创作活动的灵感，必须要有契机。为了抓住契机，设计师需要努力打造环境。

在设计上的意识及创作活动，都要与"用途"紧密相连，绝对不能脱离。一旦脱离用途，就称不上是设计。

所谓的前卫工艺，就是为了追求自由的美而脱离实用，但这已经进入纯艺术的范畴，既不是工艺，也不是设计。

2. 设计步骤

设计能否成功，取决于设计的步骤。

工坊（workshop）对于设计至关重要。

只靠纸和笔既无法完成设计基础构想，也创造不出美丽的形态。

在工坊一边制造，一边尝试、思考，这才是在设计中最有效的基本态度。

设计构想并不是在脑海中瞬间冒出来的东西。设计的构想需要由设计行为触发。

设计行为主要在工坊进行。包括为了构思设计而进行的尝试、试验、模型制作等，实施者当然必须是设计师自身。

在构思设计时，与平面图相比，立体模型要实际、有效得多。

设计行为中的模型是用来构思设计的，而不是用来展示和发表的。所以该模型在最初应尽量简略，以保留灵活性，便于更改。

在设计行为中，设计构想会随时发生变化，直至最后完成的一刻，这是理所当然的。所以，在设计之初就画出漂亮的创意速写和发表用的图纸，并将基本风格定下方向，是非常荒谬的行为，只能说是虚伪的设计行为。

在工坊进行设计的过程中，必须要吸收所有知识（特别是科学技术）。在这点上，最有效的手段是请各领域的专家协助。

设计行为不仅要在工坊进行，也需要在生产工厂继续进行。必须在工厂进一步与现场专家接触并取得协助，还必须在那里学到将设计运用到生产的技术。

在工坊获得设计构想之后，要在生产工厂进一步发展构想，有时在不得已的情况下还需要变更构想。这时就要再回到工坊，重新开始设计行为。

通常设计师会根据需要在工坊和工厂之间来往，不断调整设计的构想和形态，使其逐渐成形。

在设计过程中，陷入僵局时，需要将至今为止努力积累的一切都舍弃，回到原点，探讨设计该产品究竟是要实现什么目的。当然，这需要非常大的勇气。

当设计过程接近尾声时，作品的形态会变得不容妥协，连分毫的误差都令人在意。换个角度来看，此时即使仅做微小的调整，也会使作品的形态更自然，一下子上升几个层次。一旦步入这样的状态，就是设计接近完成的征兆。

如果仍处于设计行为的过程之中，或设计过程十分敷衍，就不会显现出如此严峻的状态。

3. 设计与科学

在设计行为中，需要具备数学、力学、材料学、电子工程、计算机等各种科学知识与技术。然而，设计行为要从事物的原点出发，所以在具备一切科学知识之前，应该先开始行动。

科学技术当然会对设计构想和新设计表现方式的开发有所帮助，然而各种科学技术都有其特性，当然也有各自的极限。所以，必须先了解某些科学技术的运用方法是否会违背设计的本质，有时科学知识也会成为设计创造的刹车。

偶尔会有品牌商找到我，说将来的产品内部结构已经确定，技术方面的问题也已解决，希望委托我来设计。然而，设计行为的原则是从原点开始，所以我个人喜欢尽量能从产品构想伊始就让设计师参与的方式，否则，从根本上来说就不会产生好的设计。

市场调查对设计创作来说没有什么帮助，反而经常会对有创意的设计师起到反作用。因为市场调查是对过去的数据进行分析，然而以创造为宗旨的设计的根本使命，是创造出过去未曾有过的优秀作品，两者正好相反。

在设计行为中，考虑人体工学或许是件好事，但以人体工学分析出的数据，对设计来说似乎没有什么帮助。

仅凭人体工学的数据来设计，无法创造出功能完全的产品（例如新干线的座椅）。所谓分析，就是从整体中抽出某一部分来考虑。但想要把握整体，用人体实际体验尝试的方法要快得多，也会更加顺利。

4. 设计的合作者

设计不能仅凭一个人完成。俗话说得好，"三个臭皮匠，赛过诸葛亮"，只要是优秀的合作者，不管有几个人，哪怕只是两个臭皮匠，也能创造出优秀数倍的杰作。

设计师尤其需要技术人员的协作，而且还必须是头脑灵活、个性积极的技术人员。能否孕育出好的设计，关键就在于能否尽量挑选出优秀的技术人员，并获得技术人员的充分协助。

越是优秀的设计师，越会听取技术人员的意见。

设计师不能隔绝于社会。为了让好的设计问世，必须和各种人来往，像企业家或政治家等。如若不然，自己的设计终究无法在社会中落实。

好的设计不仅归功于负责设计的设计师，也许更要归功于发现并任用优秀设计师的企业家。

企业家最重要的是要拥有产品制作人精神，与手工业制造领域的"手艺人精神"相对应的"产品制作人精神"。

只依靠优秀的设计师，好的设计无法诞生。只有同时拥有优秀的制造产品的企业家或制造商、负责销售产品的销售员，以及使用产品的用户，好的设计才能问世。

5. 设计的现状

在当今时代，畅销的东西未必是好的设计，而好的设计也未必能畅销。

现在的设计师仅以创造好的设计为目标还不够，还需要考虑产品是否能畅销。也就是说，必须要找出好的设计与畅销产品的连接点。

对于如今的多数设计师来说，比起创造好的产品，设计畅销产品要容易得多。当然对于有良心的设计师则正相反，他们也会比前者更加辛苦。

今日的设计师几乎都在被逼无奈之下以商品畅销为目的，所以才会把焦点放在刺激购买欲的花里胡哨的物品、吸引眼球的物品、紧跟潮流的物品上，做表面文章。

大多数设计都被迫卷入流行。然而，真正的设计源自与流行的抗争。

要加快商品的周转，就要促进人们浪费。当今的大多数设计师，只能无奈地在这种为了经济增长不择手段的浊流中沉浮，完全是一场悲剧。

在某场国际设计会议中，曾有人把当今的工业设计比喻为娼妓，批判其"在暗夜里搔首弄姿"，真是很贴切。如今因浪费被丢弃的垃圾突然增多，而且由于高分子化学和合金技术的发展，半永久垃圾的量也变得非常庞大。

如今的设计定将成为后世之耻。人类制造的东西最终必须能回归土地。这是维持自然和谐的循环法则。

比起制造物品，人类似乎更不擅长丢弃物品。

今后的设计必须考虑将物品丢弃后的问题。

如今的设计师对人类文化实在称不上做出了什么贡献。

进入机械时代之后出现了大量丑陋的产品，如果说这是由设计造成的，也令人无法反驳。

尽管几乎所有产品都经过了设计，却依然丑陋不堪。从结果来看，令人不禁觉得如果没有设计师这种职业，当今时代也许会变得更好。

不过，即使在如今这样的机械时代，也有为数不多的优秀设计陆续出现。这些罕见的优秀作品将设计的名誉挽救了少许。

说到底，哪怕没有设计师的参与，也依然可以将各项技术妥当地有机融合，形成美丽的"无名设计"品。例如，棒球球棒、手套、化学实验用的烧瓶、烧杯、人造卫星等。

无名设计美好而神圣，当今那些已被污染的设计师根本无法企及。

民艺也是无名设计的一种。

与无名设计相比，经人设计的产品之所以大多数都很丑陋，大概是因为构成元素的融合过程中掺杂了非有机的不纯物的缘故。

6. 设计与民艺

在民艺的深处可以窥到人类生活的原点，从那份纯粹中可以汲取美的源泉。

在人情味丧失的当代，民艺那温暖的人性和原始的纯粹性，都使当代的人们产生强烈的共鸣，甚至对过去产生憧憬。

然而，面对民艺之美，我们不能只沉浸在感伤之中，重要的是在面对未来时，我们应该从民艺中学习什么。民艺是地区的文化，通过民族传统逐渐凝结而成，因此极为纯粹。

这份纯粹正是美的根源，这样的美超越了时代与国界，是我们所有人类共有的普遍的东西。

产品设计相关领域的人必须注意，过去手工制作的民艺品正因为是供庶民使用的产品，才会产生必然的耀眼的美。

因为手工制作的产品很美，就要把它们搬到机器上量产，实在是愚不可及的行为。

手工制作和机械生产是两种不同的方式，表现出的美自然也不同。

手工艺应追求手工制作之美，而产品设计应追求机械生产之美。然而，美都是从与人类生活相关的事物中诞生的，美的来源是相同的。

民艺可以说是地区文化或民族文化，而设计则是人类的文化。

与民族文化相比，面向人类文化的设计正处于通过各个地区的文化交流与融合，向更广阔的范围发展的燃烧能量的过程之中，最终或许将会实现人类文化的统一，达到纯粹的境界，不过在现阶段仍十分困难。这是由于在从手工业时代发展到机械时代的过程中产生了很多混乱，也就是在现代化进程中出现了种种矛盾。

在发达国家，现代化暴露出了文化史上前所未有的最为深重的丑恶，令人感到羞耻。

如今发展中国家又将重蹈覆辙，究竟什么才是人类的幸福呢？

7. 设计与传统

传统是为了创造而存在。

缺乏传统与创造的设计是不存在的。

试图直接模仿传统之美的样态，或是将其中的一部分运用到今日的设计之中，都是无视了传统之美诞生的必然性的行为。

传统之美并不是有意识地创造的，而是孕育出来的。

有意识地以传统之美创造物品，相当于漠视了传统之美诞生的必然性——在由时代、民族、地区环境、社会、材料等构成的整个有机体中自然孕育而成，最终只会伤害传统之美与尊严。

刻意追求传统之美的例子，可以举出"日式趣味（japonica）"这种东西，经常可以从中看到似是而非的惺惺作态，令人感到厌恶。

刻意追求传统，总会做出似是而非的东西，也就是有变成模仿之作的危险。

日本人在日本的土地上，运用日本的现代技术与材料，发自内心地为了日本人的使用而制造出的产品，自然会呈现出日本风格。唯有以这种态度，才能真正继承日本的传统之美。

过去的稳固的传统之美，诞生于稳固的共同体[(1)]社会。

8. 设计与社会

设计的风格自然会反映出不同设计师的个性，然而，还会更强烈地反映出产品诞生的社会背景的特质。

比起说这是某某人的设计，不如说这是德国的设计、意大利的设计，更能明显地反映出作品的风格。健全的产品存在于健全的社会之中。

设计是社会问题。

什么是好的社会？我认为是以共同体的形式相互联结的社会。如果人们以共同体的精神联系在一起，也许就不会出现糊弄或欺骗人的设计了。

不解决社会问题，就无法产生好的设计。

9. 设计的将来

对于以促进经济增长、促进商品的周转与浪费为目的的设计，今后要采取坚决的措施。

这是因为地球上的资源有限这件事，已经逐渐成为摆在人们眼前的现实。

过去人们认为只要尽可能多地挖掘地球上的资源，无穷尽地生产物品、大量生产，就能实现经济增长，使人类获得幸福。

然而，富饶的地球如今已逐渐变为贫瘠的地球。

我们已经到了需要考虑该如何珍惜有限的宝贵资源的阶段。特别是以浪费为目的的大量生产，最应该引起我们的警戒。

机械生产应该由重量向重质转变。设计自然也应该注意从廉价媚俗，转向真正对人有帮助的重视质量的产品。

有人认为在进入机械时代之后，之所以人口会急剧增加，是因为支撑人类生活的物品的数量增加了。

然而，如今地球上用来制造物品的资源正在枯竭，不能再进一步地追求物品的量产。

控制人口、控制生产等，今后将进入凡事都需要控制的时代。当然设计也要面对控制的问题，而控制对于人类来说，是最为头疼和困难的问题。

人类必须回到原点，思考若想让地球文化长久地延续下去，究竟应该做些什么。设计的问题也一样，如今已经到了需要回归设计到底是什么这一根本问题的时期。

〔注〕

（1）共同体（Gemeinschaft）是德国社会学家斐迪南·滕尼斯（Ferdinand Tönnies, 1855—1936）在《共同体与社会》（*Gemeinschaft und Gesellschaft*）中探讨的两种社会形态之一。费孝通在《乡土中国》中将 Gemeinschaft 解释为礼俗社会，是"一种并没有具体目的，只因为在一起生长而发生的社会"，即涂尔干所说的"有机团结"的社会；将 Gesellschaft 解释为法理社会，是"为了完成一件任务而结合的""机械团结"的社会。（译注，下同）

4

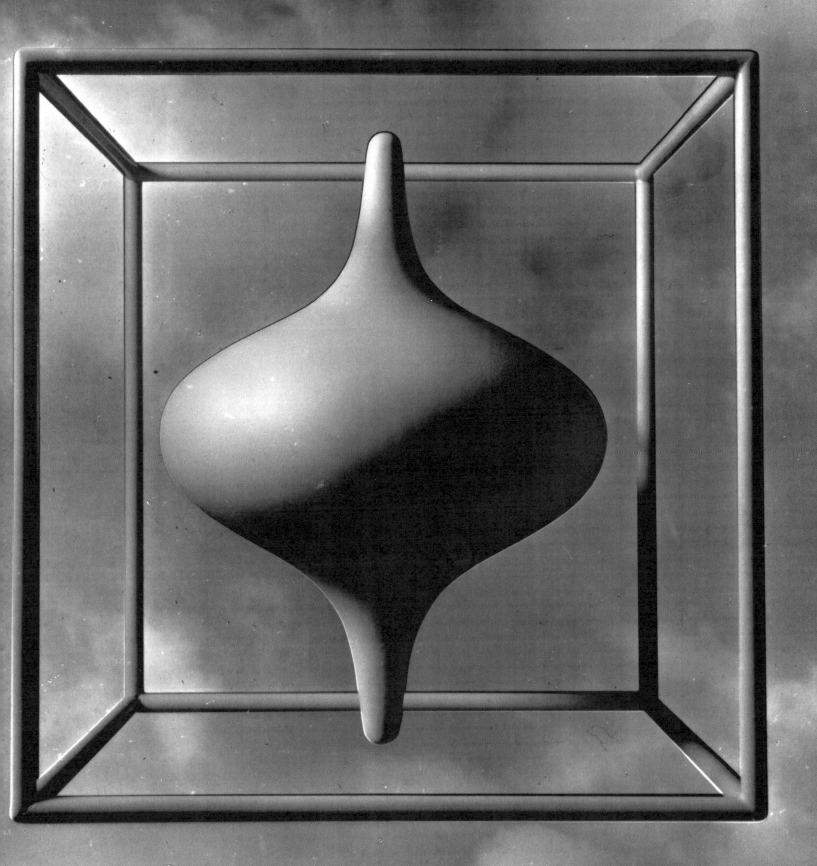

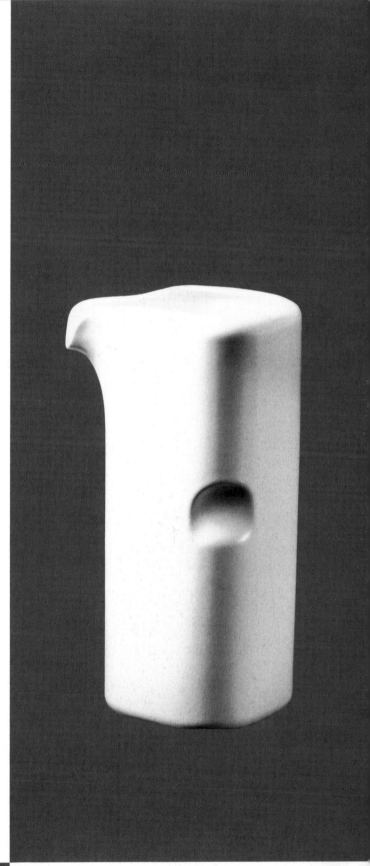

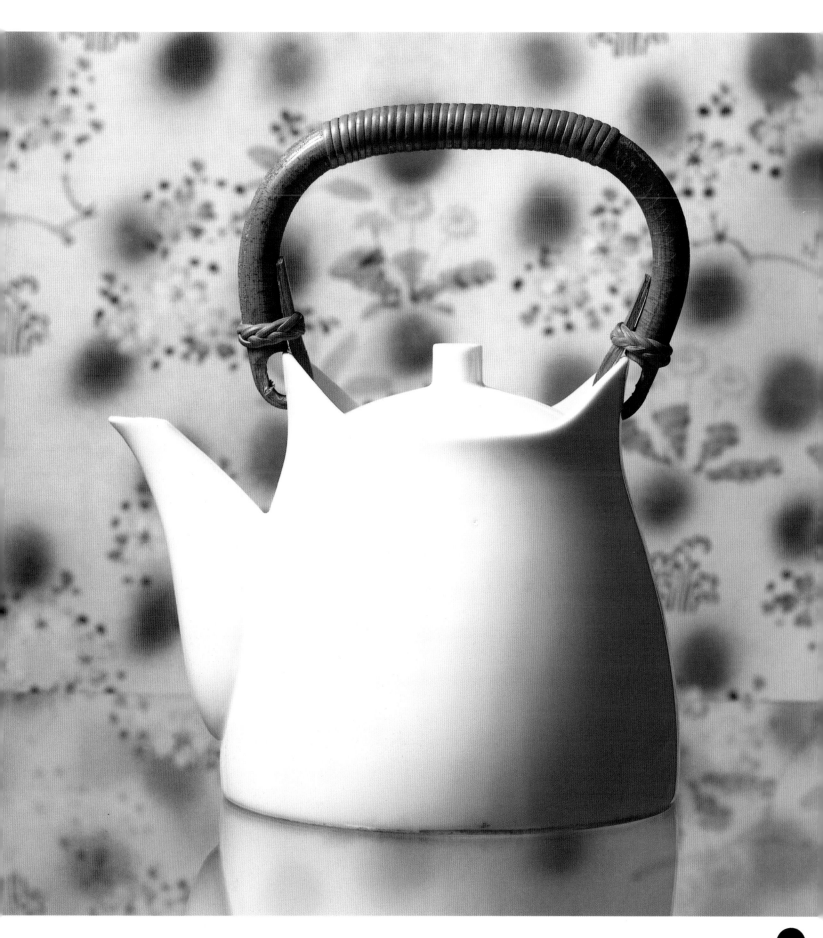

11

12

13

14

17

18

19   20   21

22

23

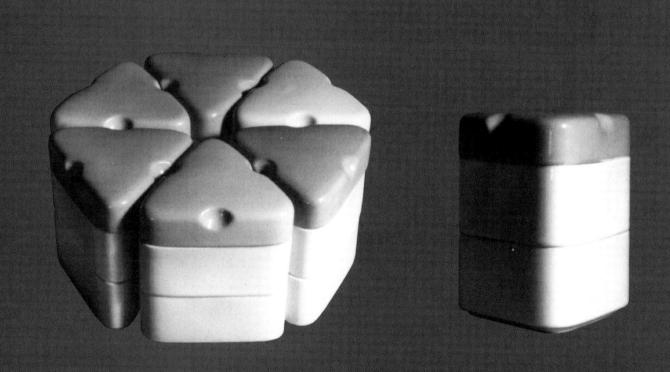

24

26

27

28

29

32

33

41

42

43

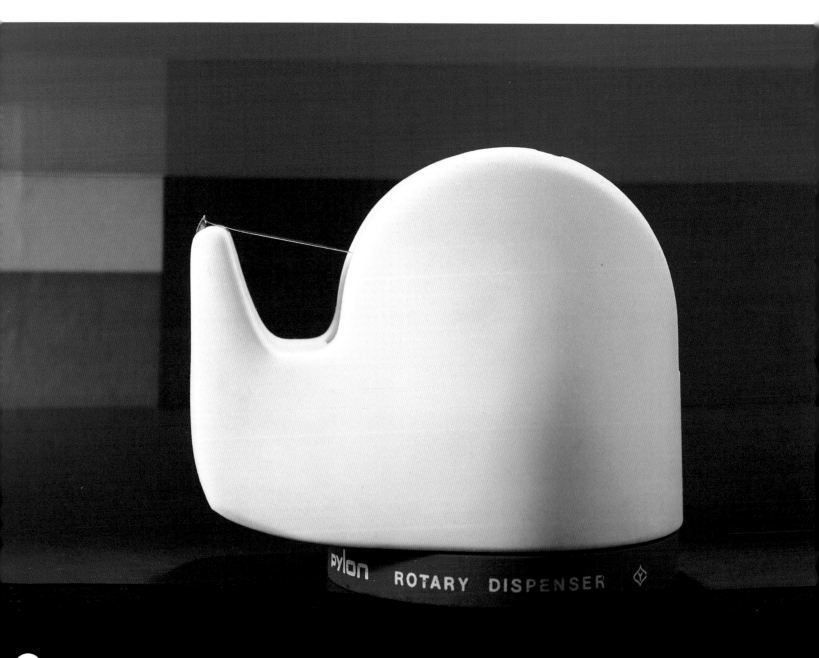

pylon ROTARY DISPENSER

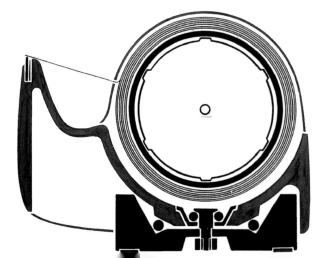

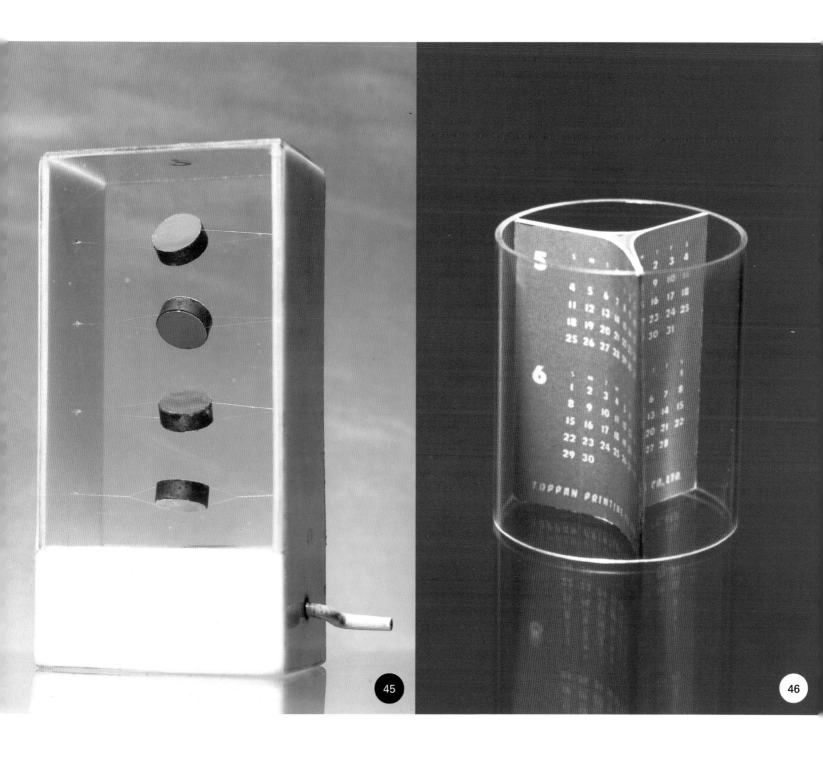

47

48

49

50

51

52

53 54

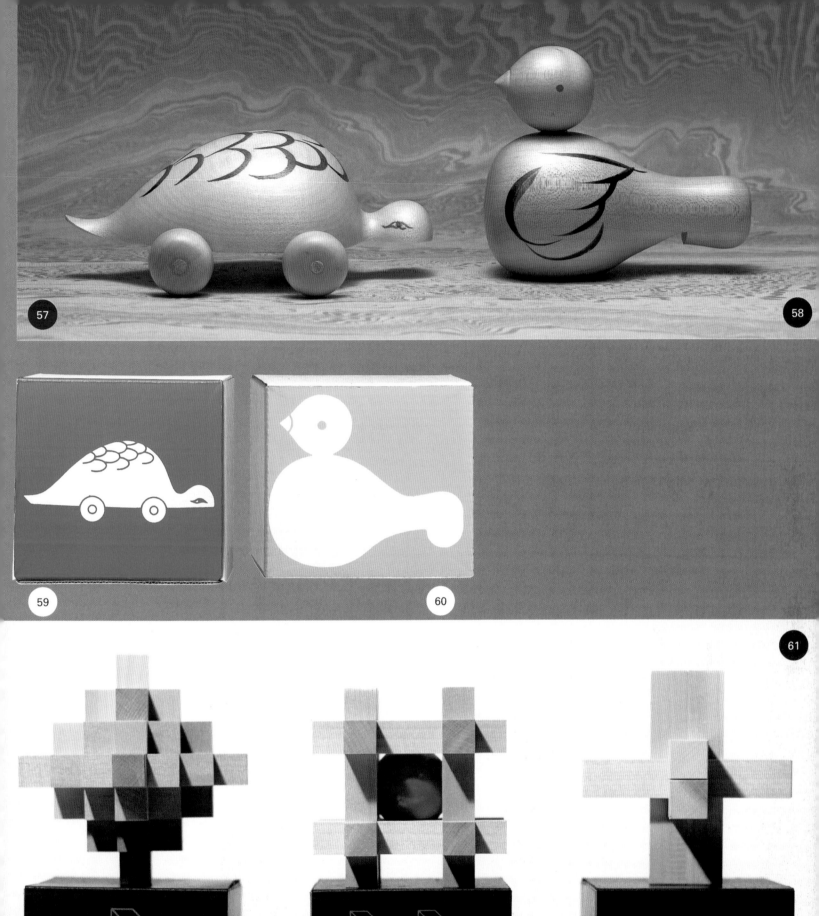

57 58

59 60

61

62

MUSÉE DU LOUVRE

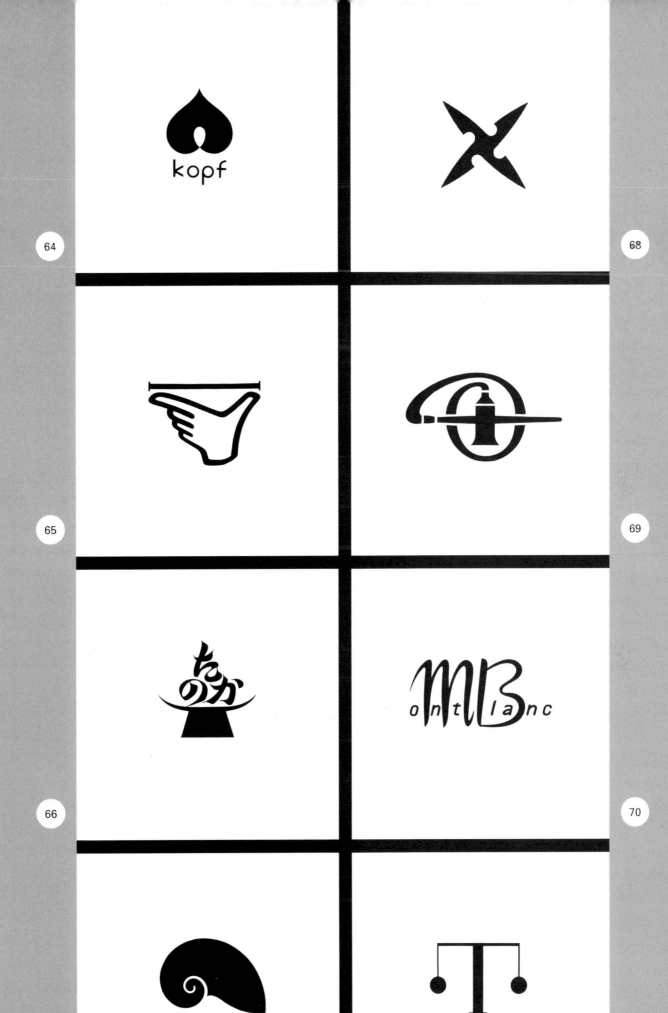

64

68

65

69

66

70

67

71

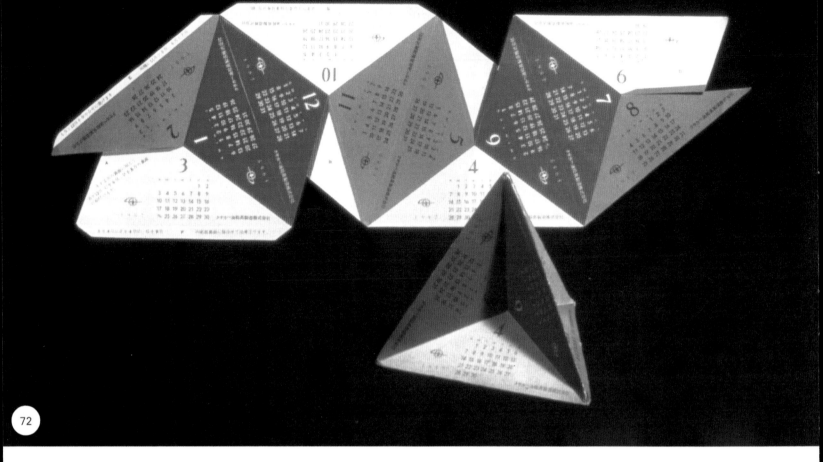

72

73

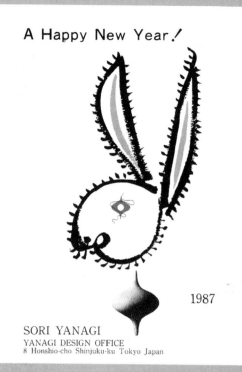

A Happy New Year！

1987

SORI YANAGI
YANAGI DESIGN OFFICE
8 Honshio-cho Shinjuku-ku Tokyo Japan

76

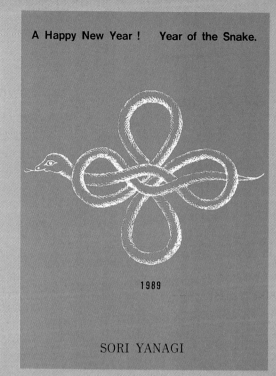

A Happy New Year！ Year of the Snake.

1989

SORI YANAGI

79

迎春

1993

77

賀正

1988

㈱ヤナギショップ
〒160 東京都新宿区本塩町8　　TEL. (03)359-9721

80

迎春

1998

柳デザイン研究会
〒160-0003 東京都新宿区本塩町8
Tel. (03)3353-8336　　Fax. (03)3353-8727

寅年

78

A Happy New Year！

1997

Year of the Cow

81

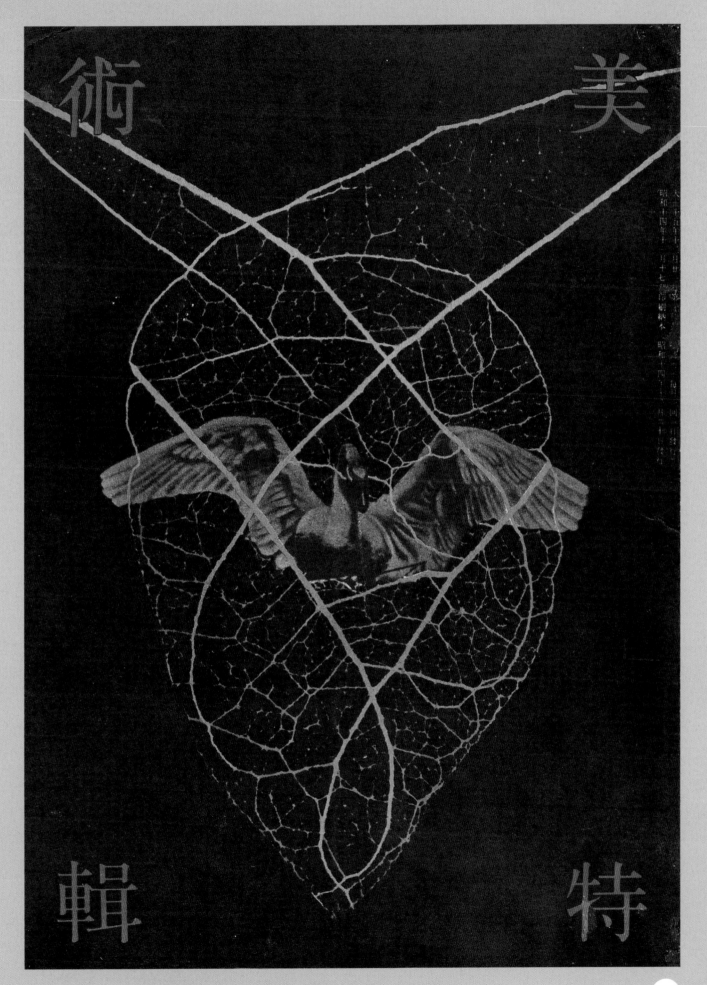

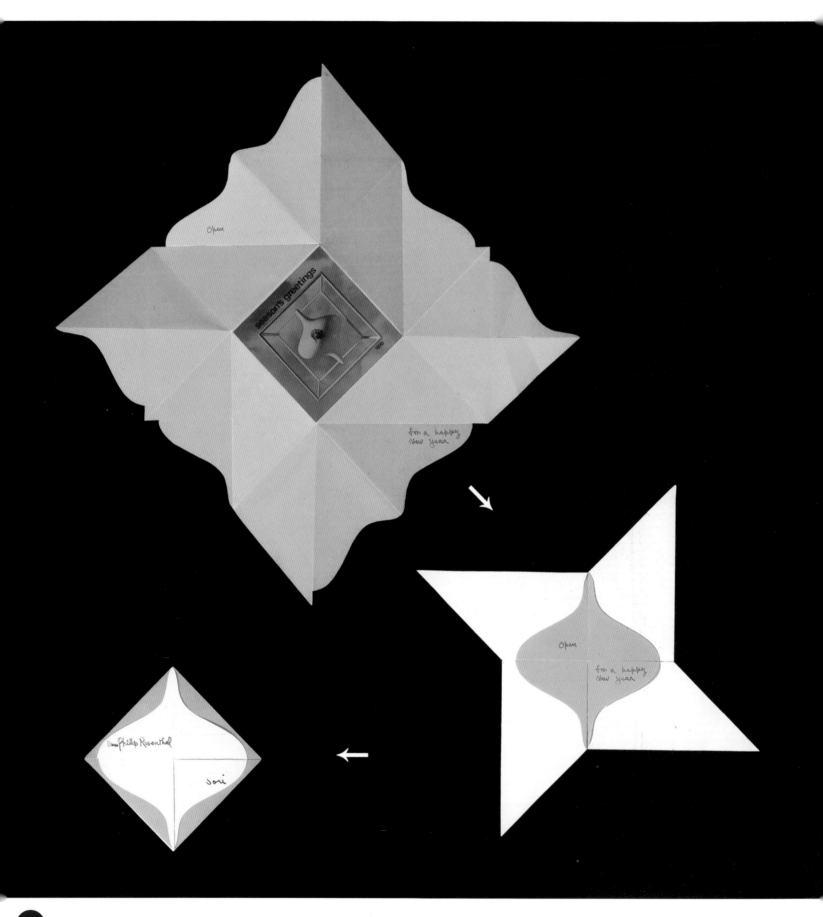

表

里

84

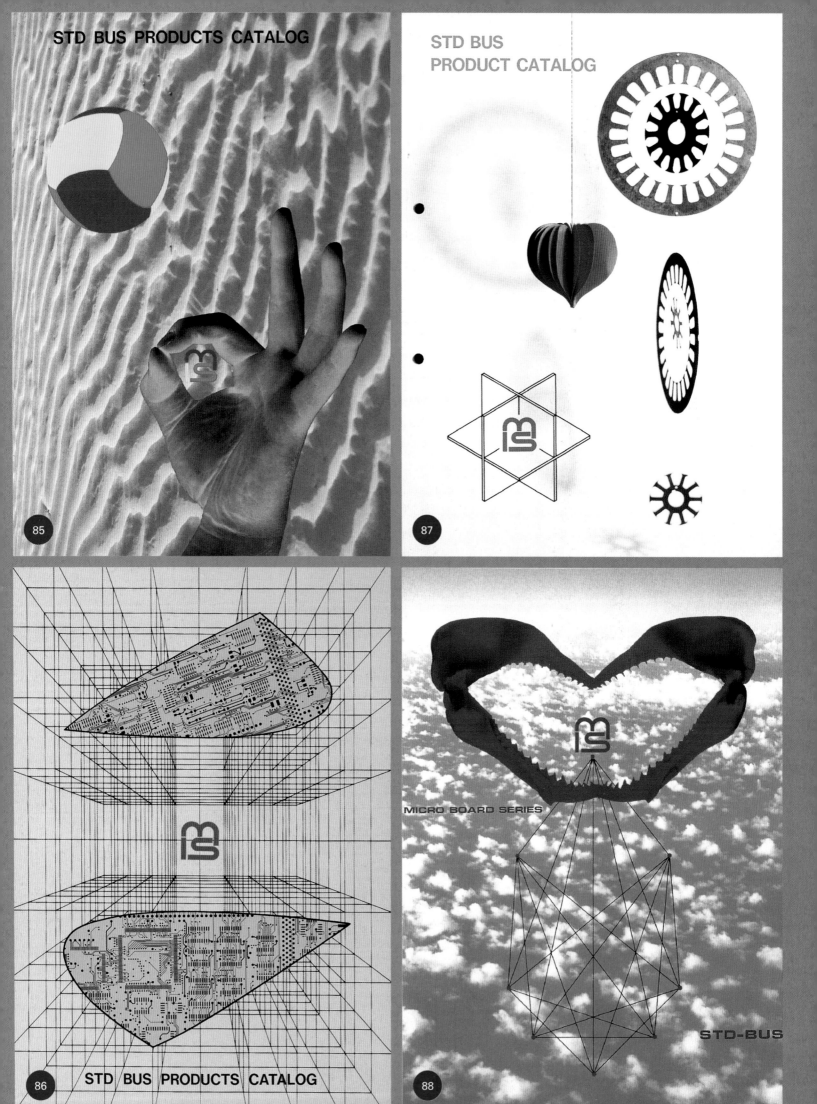

STD BUS PRODUCTS CATALOG

85

STD BUS
PRODUCT CATALOG

87

86

STD BUS PRODUCTS CATALOG

MICRO BOARD SERIES

STD-BUS

88

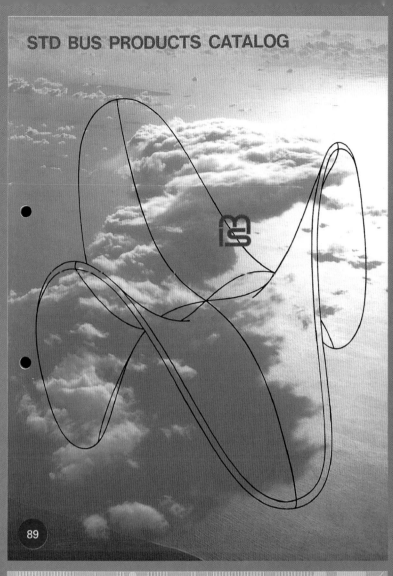

YANAGI
DESIGN INSTITUTE
8 HONSHIOCHO SHINJUKUKU TOKYO

KASSEL
STAATLICHE
WERKKUNSTSCHULE
EUGEN RICHTER STRASSE 7 KASSEL DEUTSCHELAND

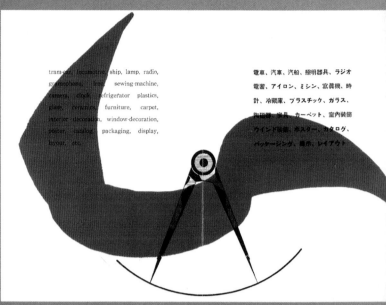

tram-car, locomotive, ship, lamp, radio,
gramophone, iron, sewing-machine,
camera, clock, refrigerator, plastics,
glass, ceramics, furniture, carpet,
interior-decoration, window-decoration,
poster, catalog, packaging, display,
layout, etc.

電車、汽車、汽船、照明器具、ラジオ
電蓄、アイロン、ミシン、寫眞機、時
計、冷藏庫、プラスチック、ガラス、
陶磁器、家具、カーペット、室内裝飾
ウインド裝飾、ポスター、カタログ、
パッケージング、展示、レイアウト

産業廃水處理裝置

株式
會社　西原衞生工業所

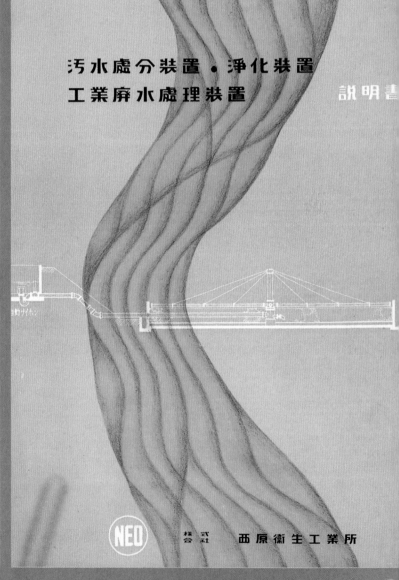

汚水處分裝置・淨化裝置
工業廃水處理裝置　　説明書

NEO

株式
會社　西原衞生工業所

SINKO **flo-flex**

ごぞんじですか？
新晃フローフレックス
いちばん新しい
「吹き出し口」です
《特許・実用新案・商標登録》出願中

新晃工業株式会社

本社　　　大阪市東区大川町1 淀屋橋勧銀ビル 電 (202) 4761 (大代)
東京支店　東京都千代田区有楽町1の5 有楽町ビル 電 (216) 4311 (大代)
名古屋出張所 名古屋市中区新栄町1の6 中日ビル 電 (261) 1731 (代)

OKAMURA

Salad Oil

蕨印

OSAKA **OKAMURA OIL MILL, ltd.** TOKYO

form

12

Internationale Revue

Inhalt

Yuichiro Koyiro, Der japanische Garten

Yuichiro Koyiro, Die japanische Architektur
der Nachkriegszeit

Sori Yanagi, Fairness im Industrial Design

Masaru Katzumie, Das Wesen japanischer Ästhetik

Herbert Bayer, Gestaltung in technischer Zeit

Jean Prouvé, Industrialisiertes Bauen

Tomás Maldonado, Design Education

Max Huber, Themen zur Diskussion

Saul Bass, Designer

Jupp Ernst, Verantwortung des Formgebers vor
der Gesellschaft

B. F. Schneider, Elektromechanische
Hausangestellte

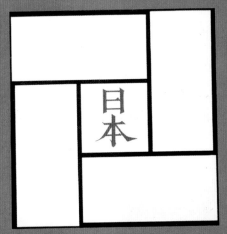

日本

Postverlagsort Opladen 4 A 2887 F

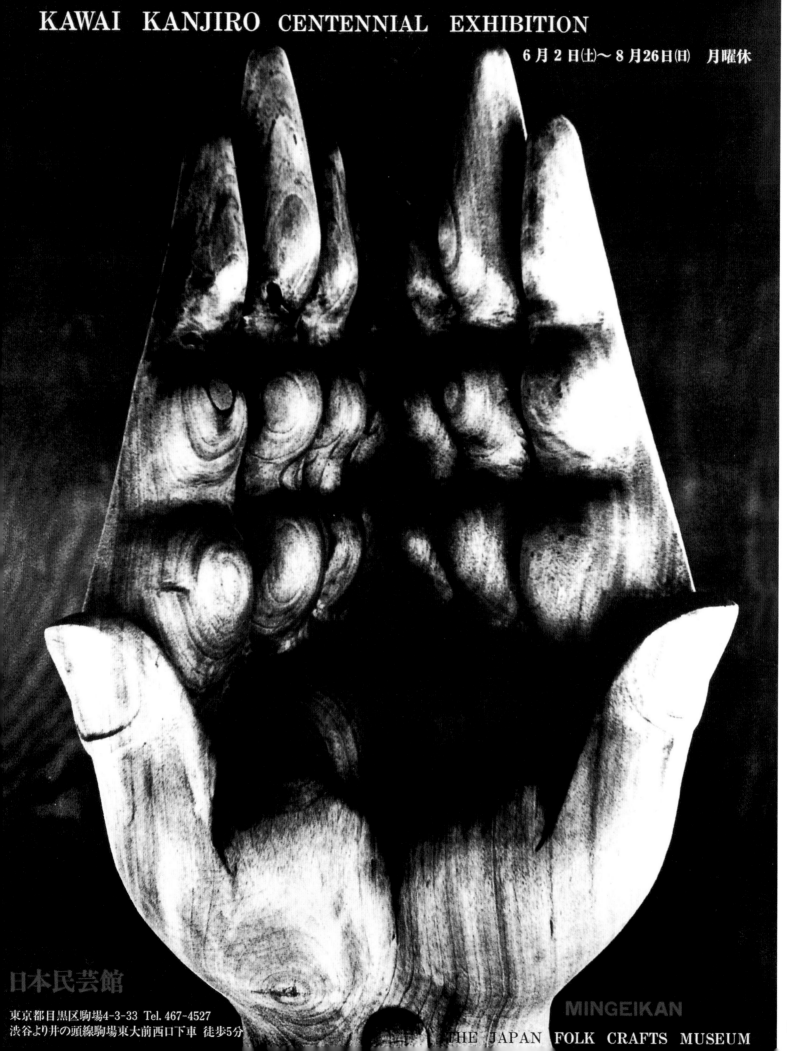

河井寬次郎 生誕100年記念特別展
KAWAI KANJIRO CENTENNIAL EXHIBITION
6月2日(土)〜8月26日(日) 月曜休

日本民芸館
東京都目黒区駒場4-3-33 Tel. 467-4527
渋谷より井の頭線駒場東大前西口下車 徒歩5分

MINGEIKAN
THE JAPAN FOLK CRAFTS MUSEUM

MUNAKATA WOODBLOCK PRINTS

棟方志功展

日本民芸館

平成二年一月四日(木)～三月二十五日(日) 月曜休

東京都目黒区駒場四—三—三三
渋谷より井之頭線駒場東大前下車徒歩5分

MINGEIKAN

THE JAPAN FOLK CRAFTS MUSEUM

李朝の美・朝鮮の工芸

日本民芸館　設立五十周年記念事業特別展

6月4日(土)—8月28日(日)月曜休館

後援　文化庁・駐日大韓民國大使館・韓國文化院
国際交流基金・日本文化財団・朝日新聞社
統一日報社

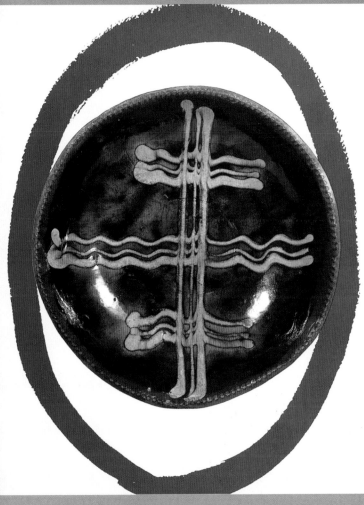

柳宗悦集

民藝大鑑

第二卷

筑摩書房
II

柳宗悦集

民藝大鑑

第五卷

筑摩書房
V

THE
MINGEI

十三年七月十五日発行（毎月一回十五日発行）昭和二十九年三月三十日　第三種郵便物許可　通巻四百二十七号

105

九月号

民藝

THE
MINGEI

106

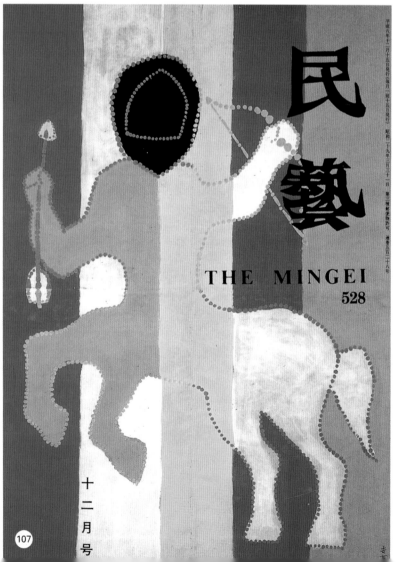

民藝

THE MINGEI

528

平成八年十二月十五日発行（毎月一回十五日発行）昭和二十九年三月三十二日　第三種郵便物許可　通巻五百二十八号

十二月号

107

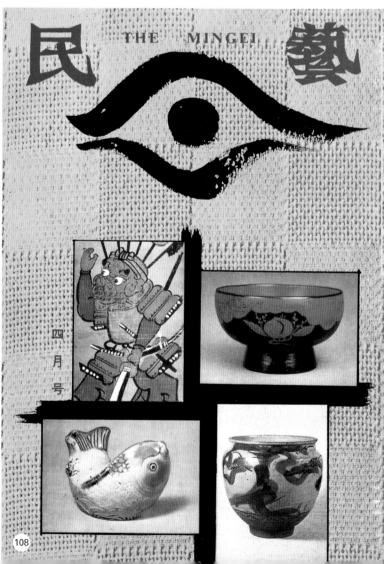

THE MINGEI

民藝

四月号

108

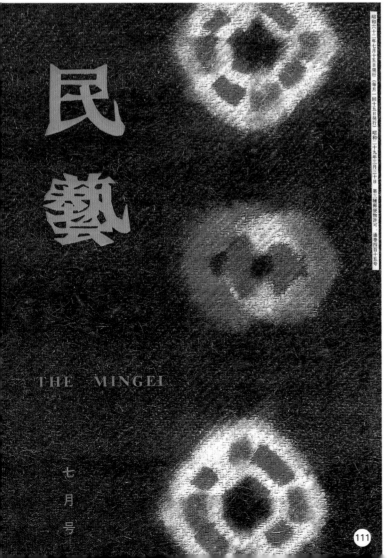

民藝

四月号

THE MINGEI

109

民藝

THE MINGEI 474

110

民藝

THE MINGEI

七月号

111

民藝

八月号

THE MINGEI

112

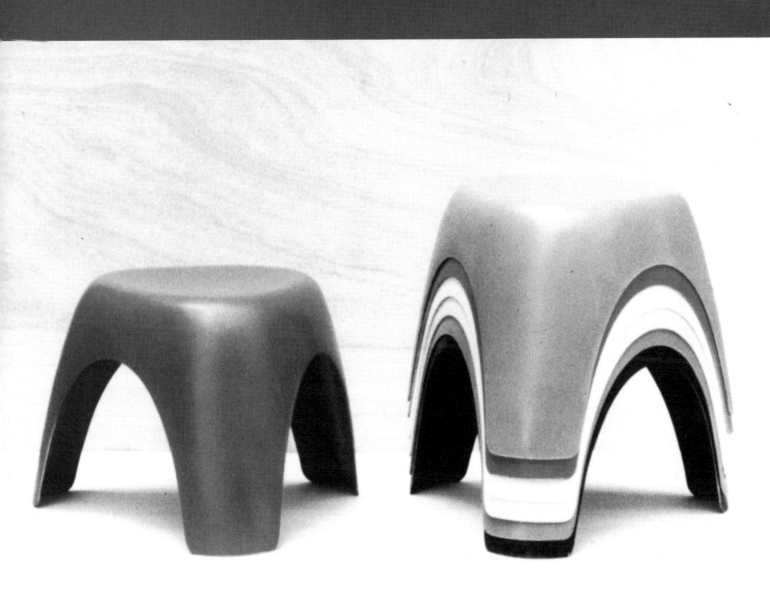

117

118

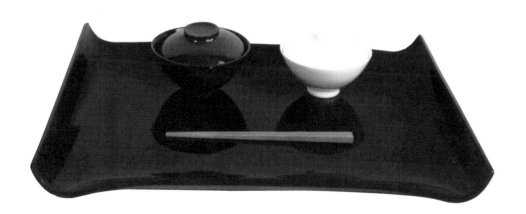

119

127

128

132

133

134

135

136

137

138

139

140

141

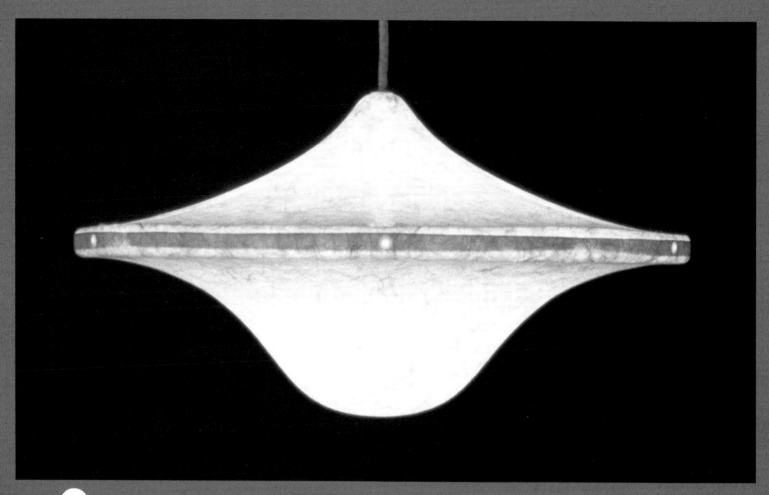

142

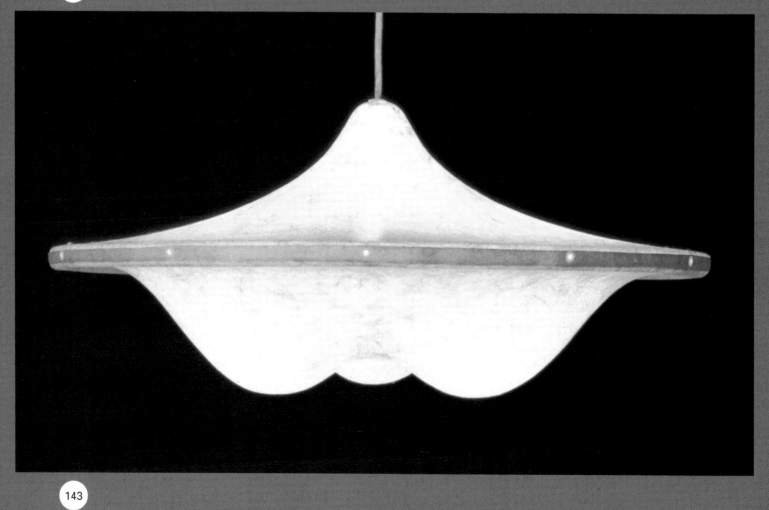

143

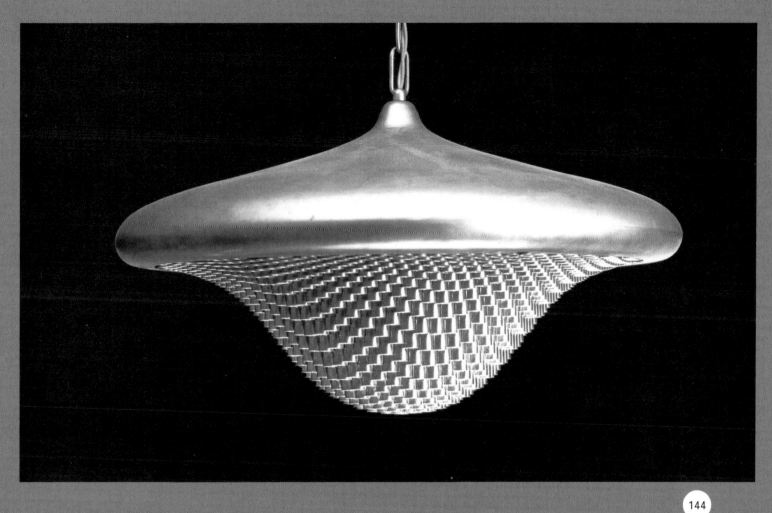

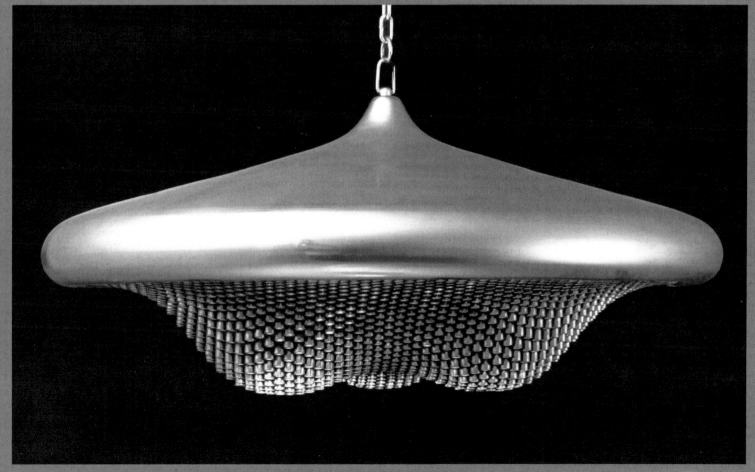

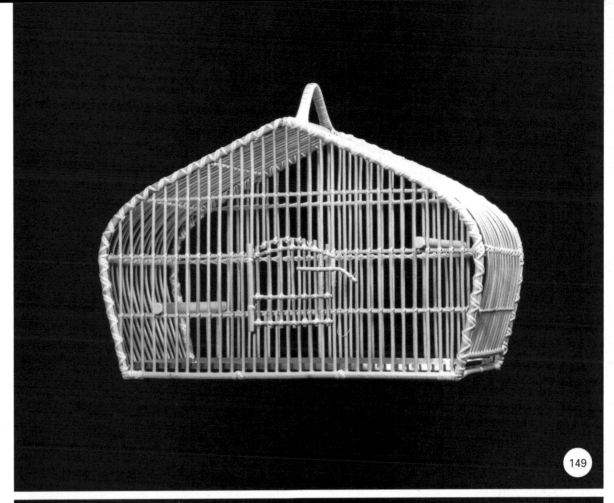

149

150

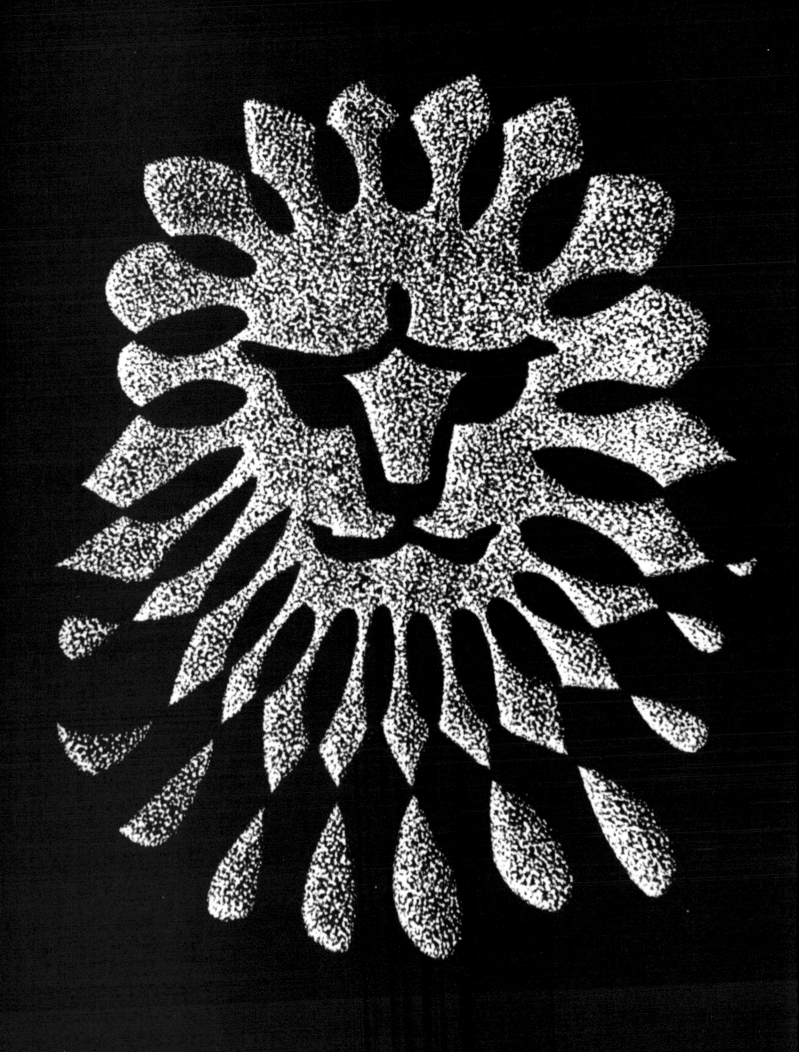

152

153

155

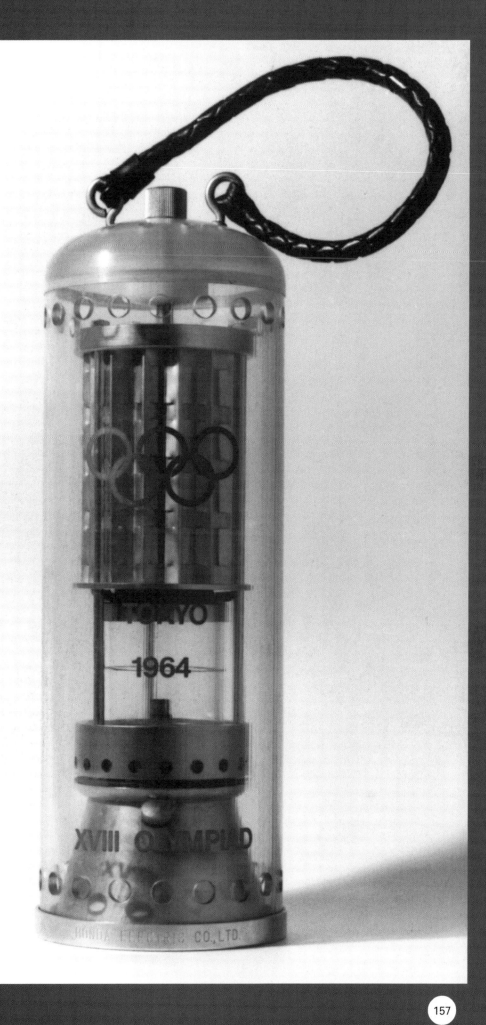

159

160

163

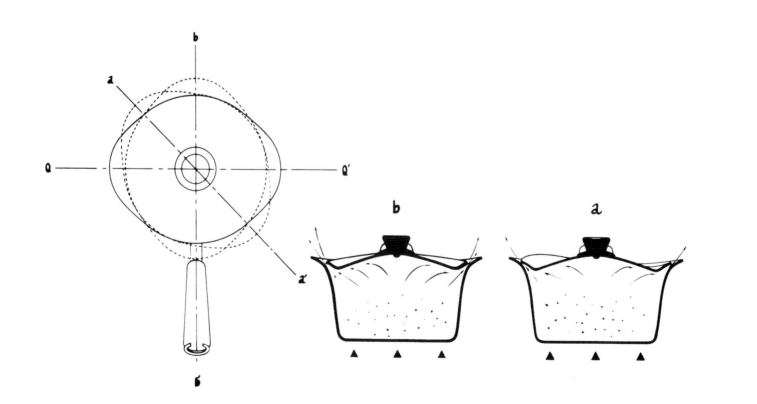

164

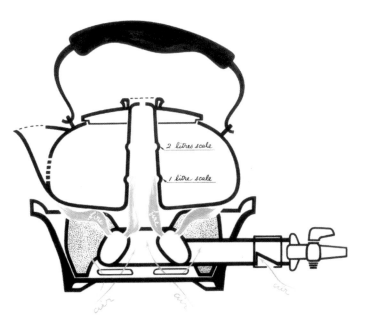

2 litres scale

1 litre scale

165

166

167

168

169

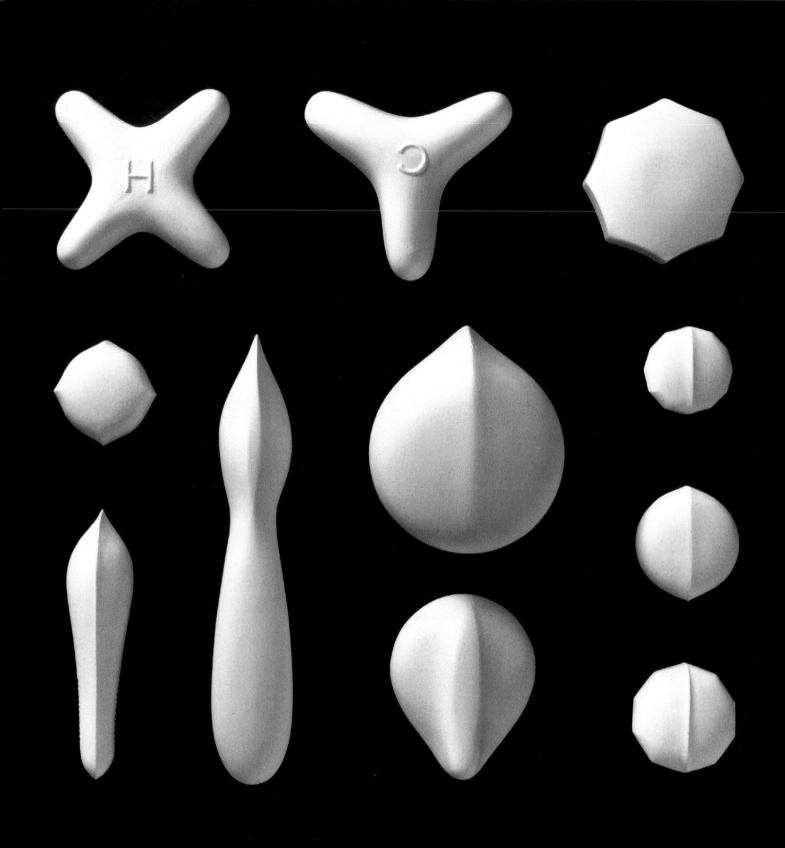

179

180

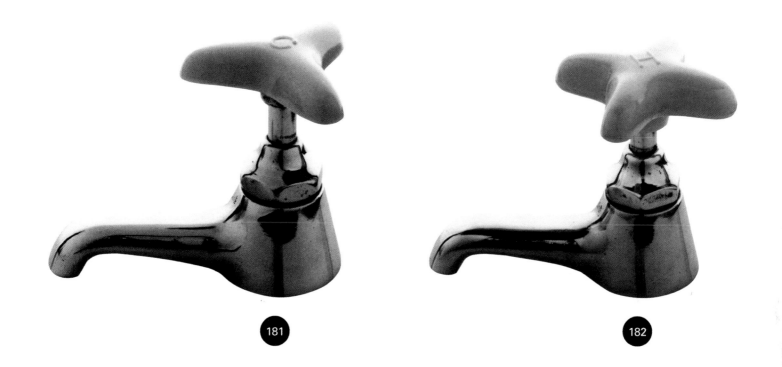

181   182

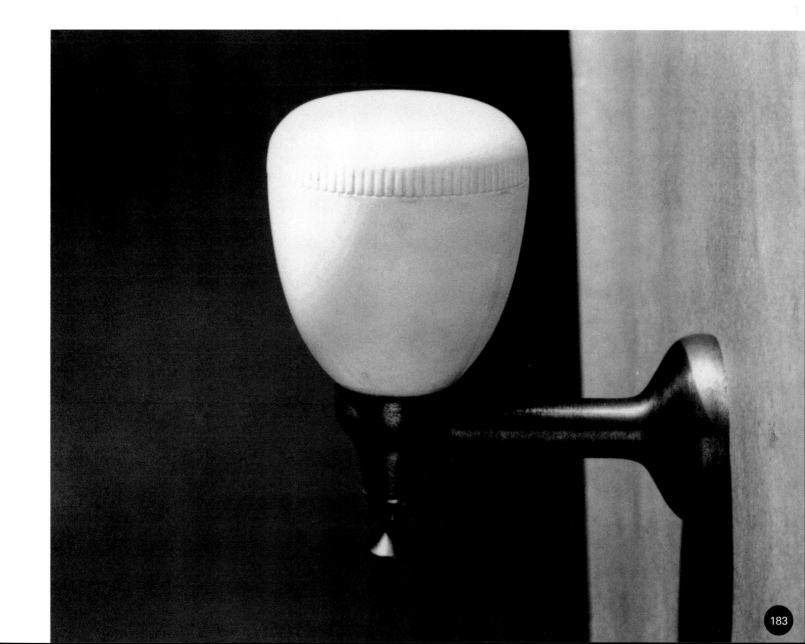

183

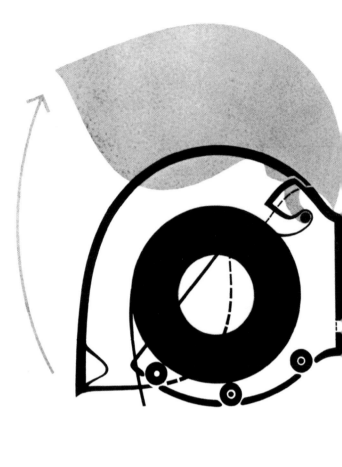

186

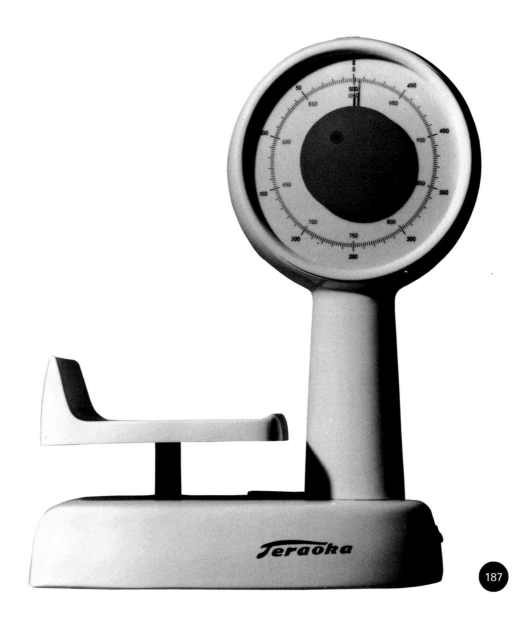

187

188

189

190

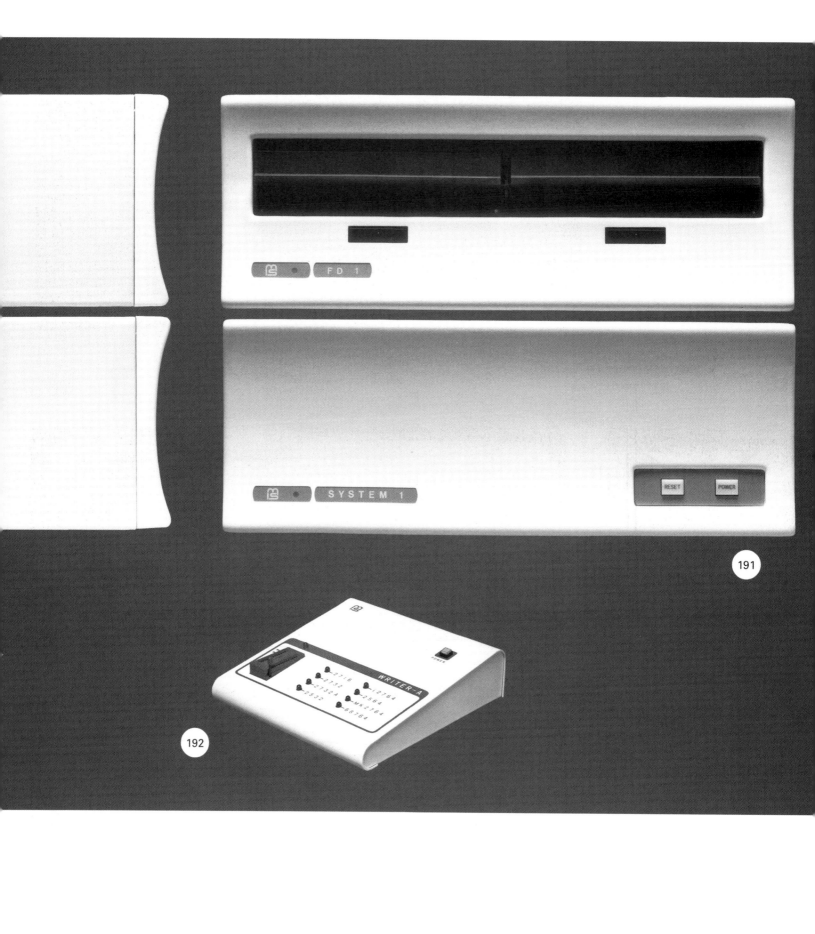

191

192

194

193

DESIGNED BY YANAGI 1952

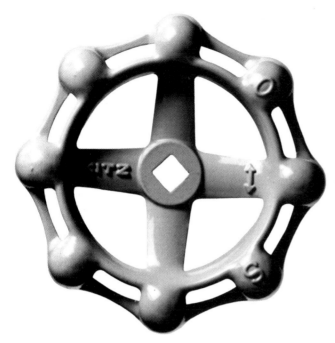

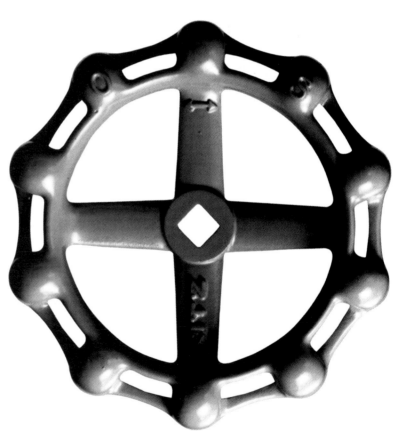

195

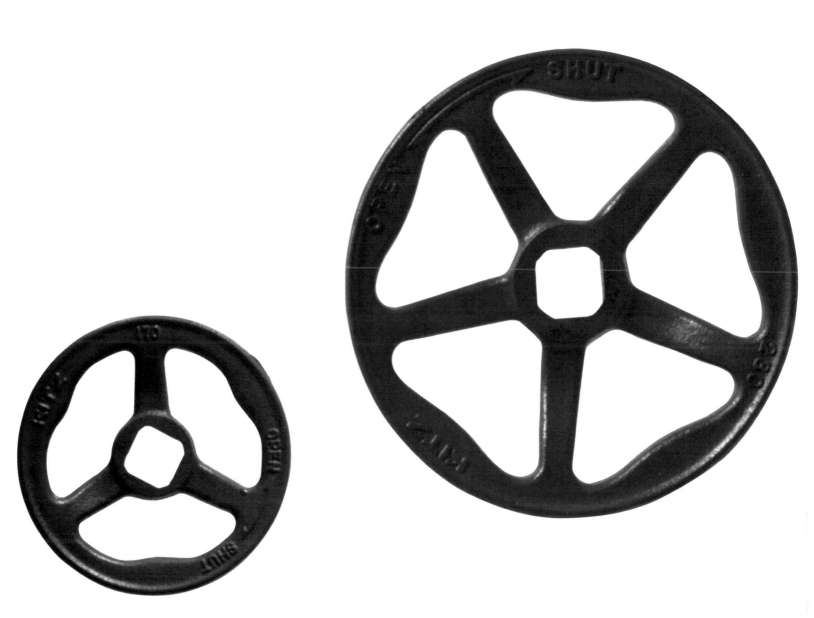

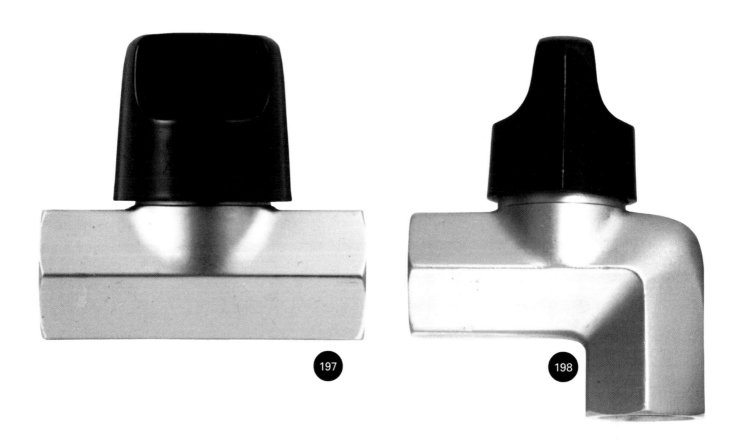

197

198

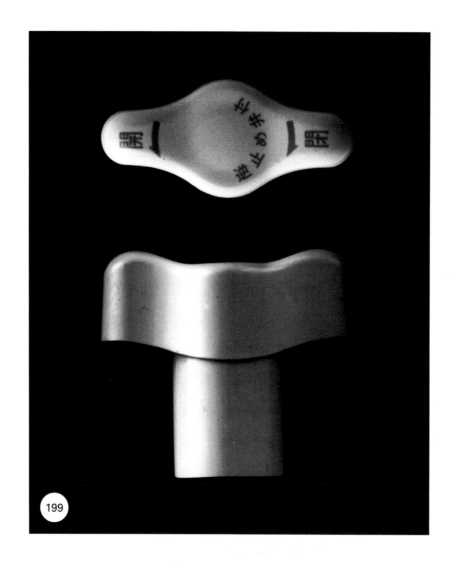

199

200

201

202

203

204

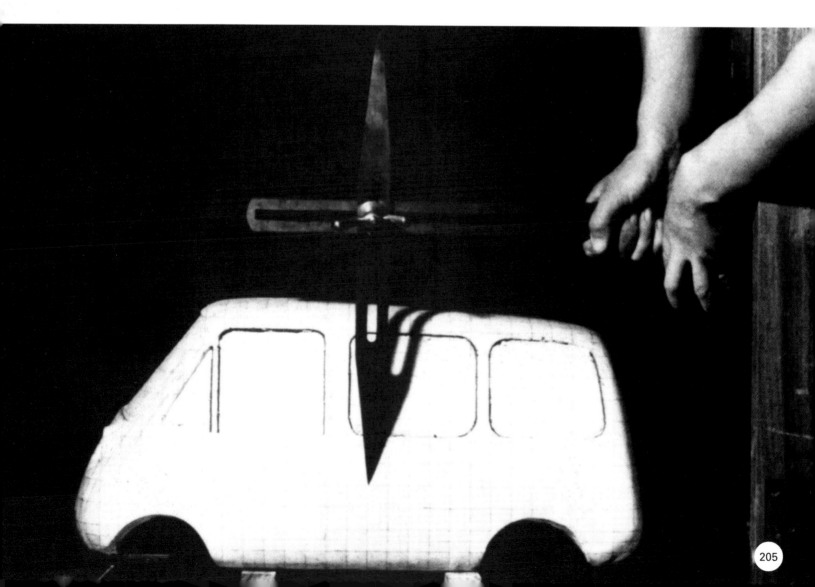

206

207

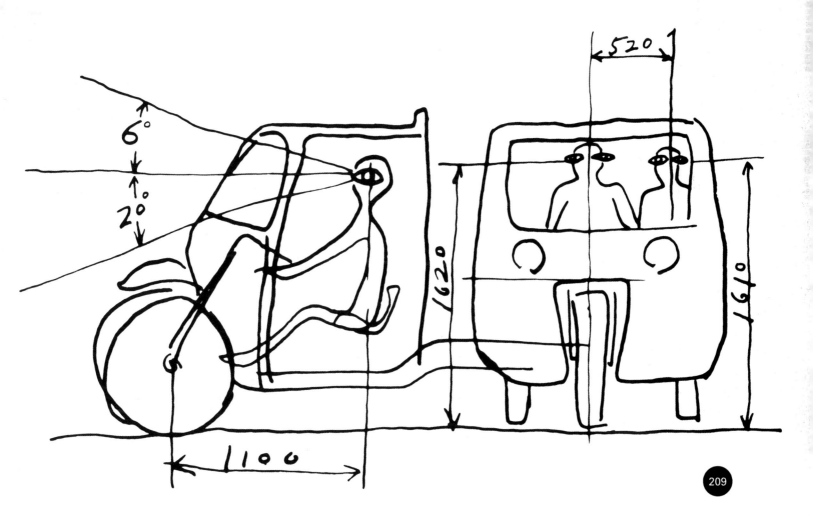

6°

20°

1620

1610

520

1100

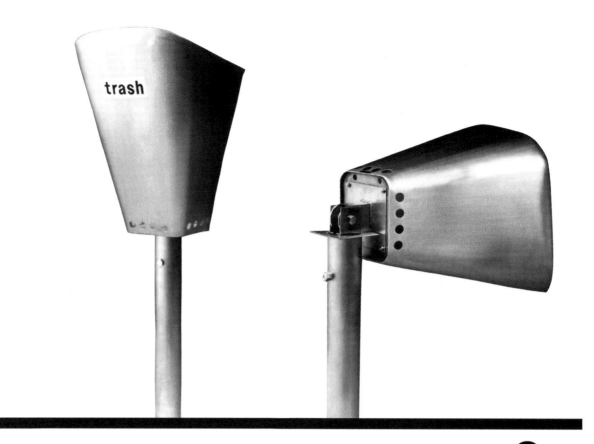

210

211

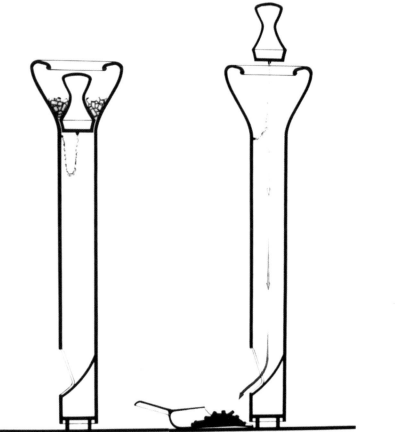

217

218

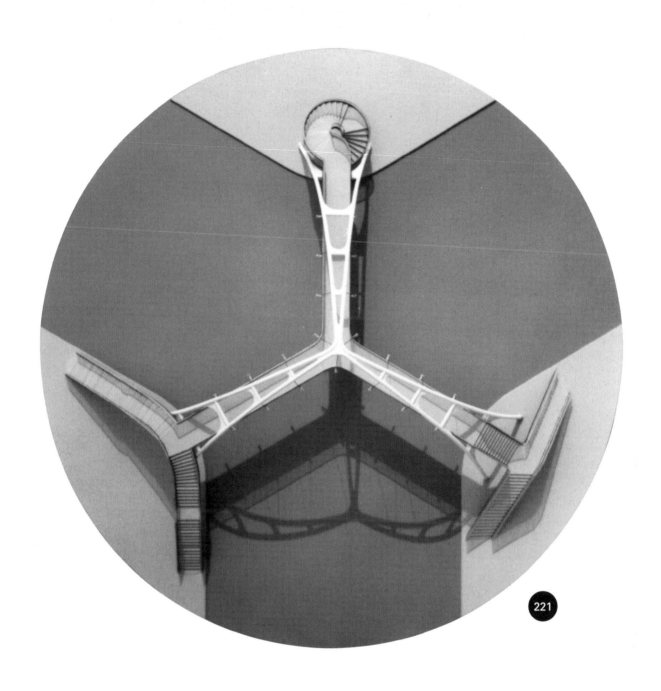

221

222

225

226

227

228

229

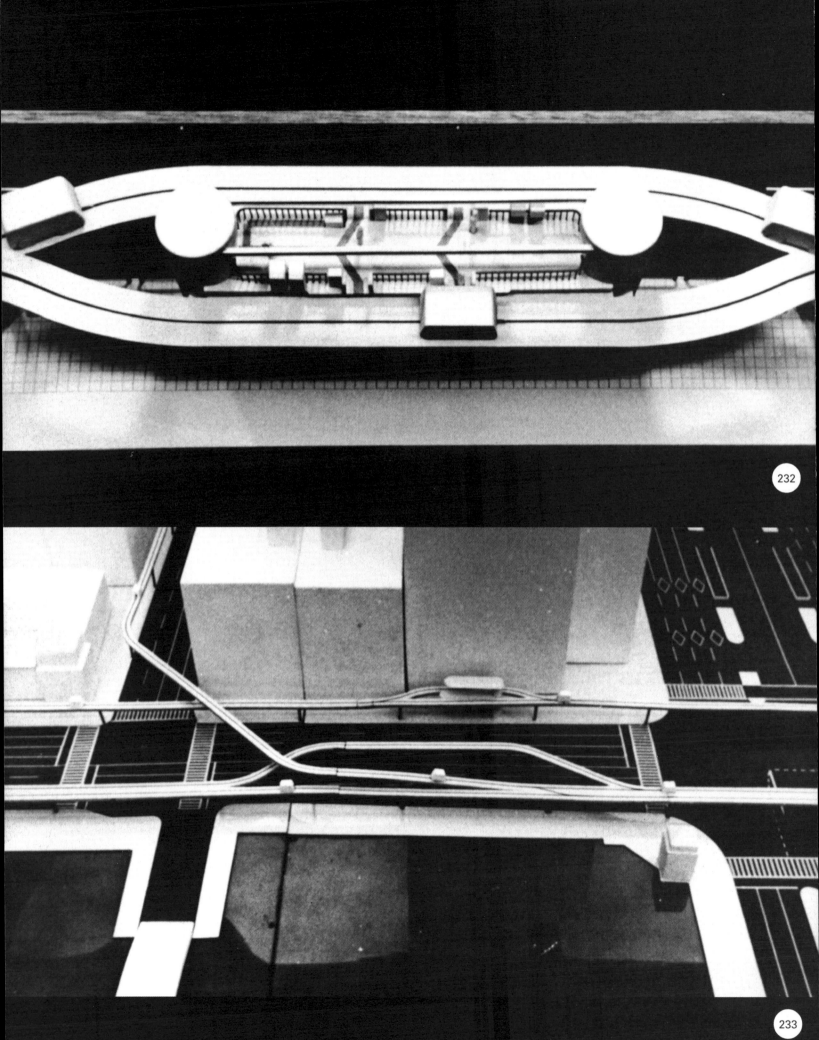

232

233

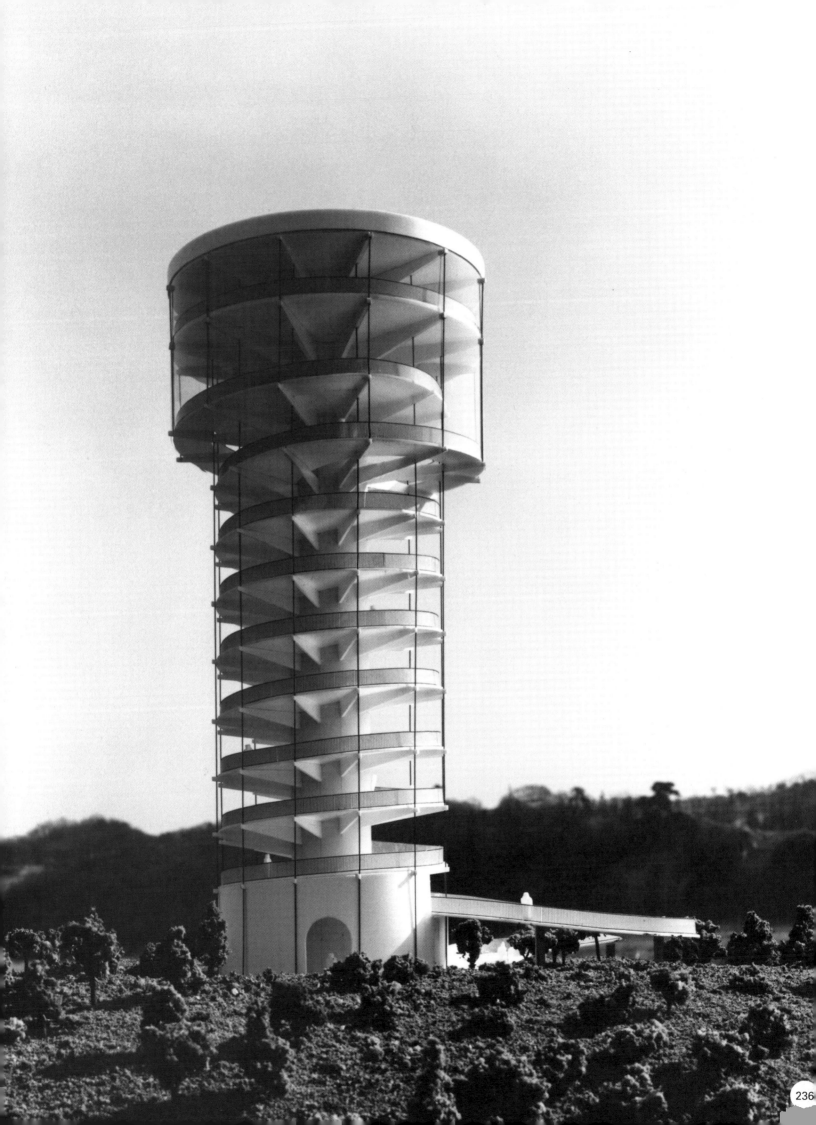

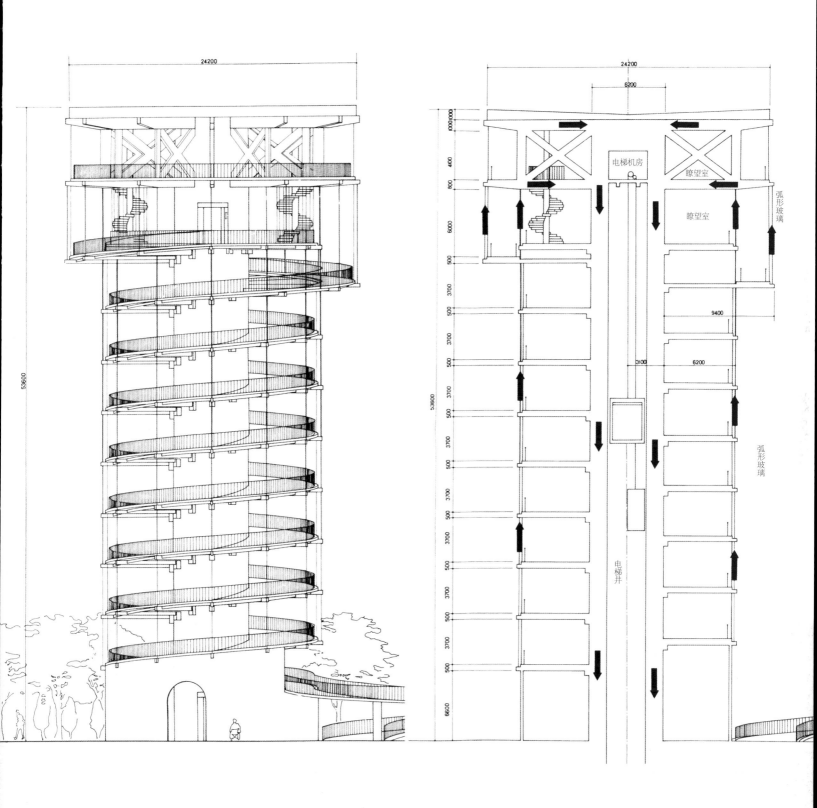

24200

6200

24200

电梯机房

瞭望室

弧形玻璃

瞭望室

9400

3100

6200

53600

53600

电梯井

弧形玻璃

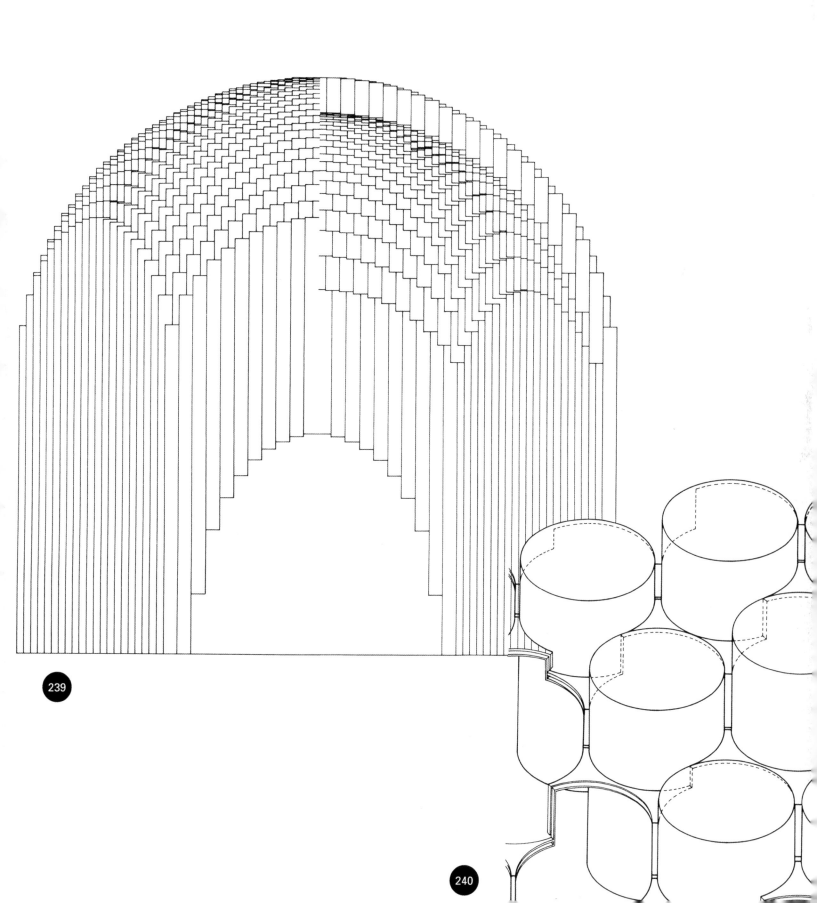

239

240

241

242

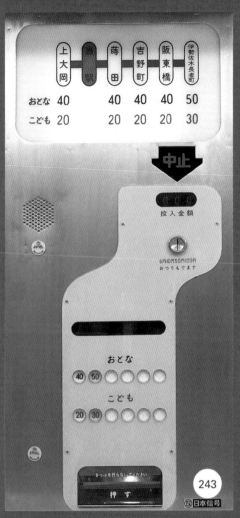

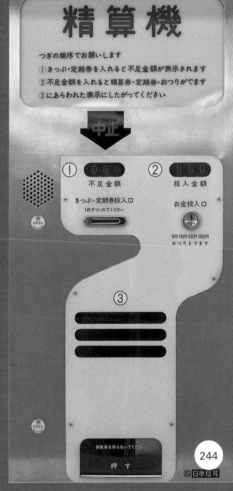

246

247

248

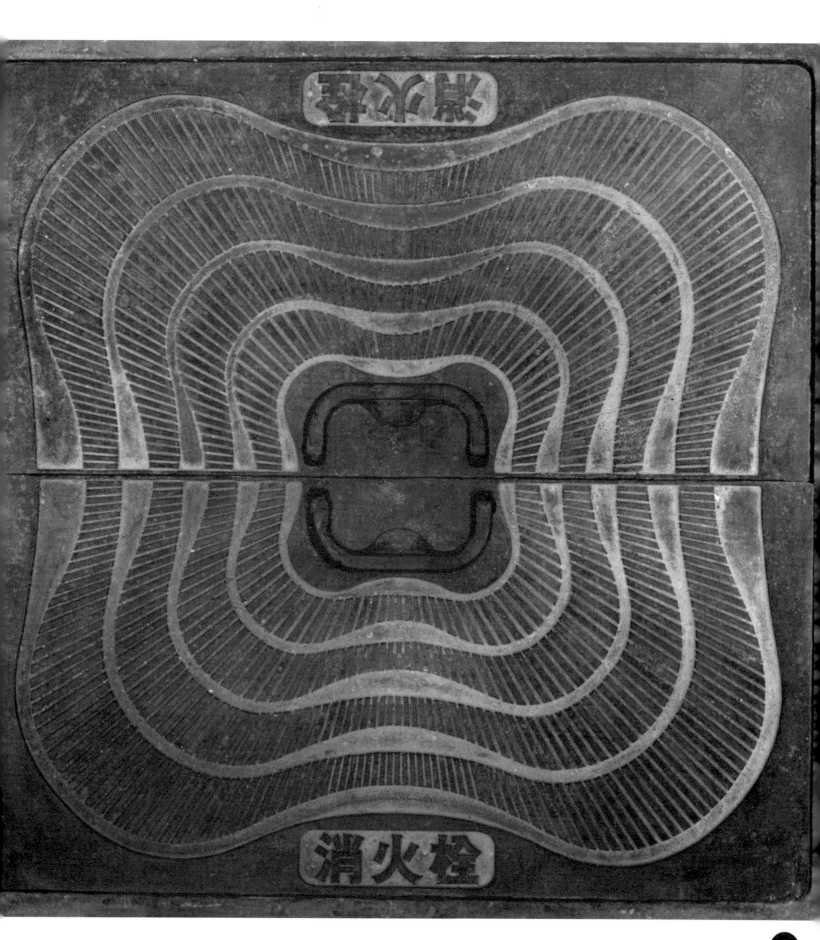

消火栓

249

250

251

252

野毛山公園案内図

253

DESIGN WITHOUT DESIGNER

ANONYMOUS DESIGN

排除了设计师影响的设计

无名设计

ANONYMOUS DESIGN

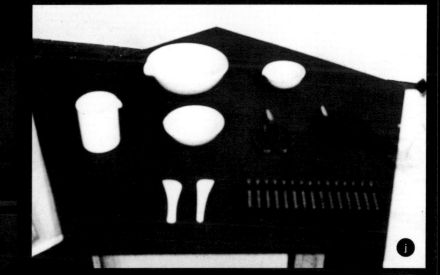

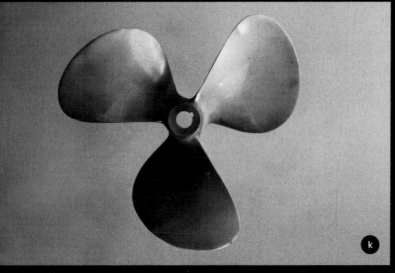

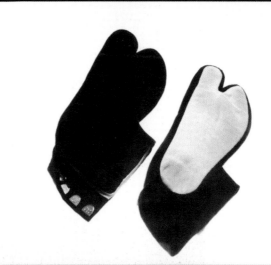

263

264

演讲

民艺与现代设计

今天我想和大家谈谈我的专业，也就是民艺与设计的关系。由于这个问题十分复杂，请大家一边听我说，一边自行思考。

托大家的福，这所民艺馆作为一座有特色的美术馆，不仅在日本国内，就连在外国都很出名，有很多人前来拜访，特别是经常能看到设计师、建筑家和艺术家的身影。所以，我先从为什么他们会对这个地方抱有兴趣这点开始讲起。

抱歉先介绍两句我自己的事情。我的专业本是设计中与科学技术联系最为紧密的一支，却意外地在五年前，也就是我父亲去世十五年后继承了这所民艺馆。虽然我父亲是这所民艺馆的创始人，但我其实完全没想过继承这里。然而事到如今，一想到我的工作和这所民艺馆之间的关系，便觉得果然还是应该由我继承。

从出生时起，我就被父亲搜集的陶器，以及现在展览在民艺馆里的作品团团围绕，在那种环境下长大。我经常想起，在我上小学的时候，父母居然以市面上的桌椅都太过糟糕为由，强迫我在私塾的桌子上学习。所以成年之后，我总是反抗父母，想闯出新的世界。

在宗悦提出的民艺论中，有说到"与特殊的高级艺术品相比，那些从平民百姓之间诞生的民艺品更健全，也更美丽"。换句话说，他对至今为止一直与社会脱节的美术家和艺术家，可以说是抱有一定程度的轻蔑之情。而我为了反抗他的轻蔑，便投身于他最蔑视的领域。

认识包豪斯

那还是"二战"之前的事情，正值欧洲新颖的前卫美术、超现实主义、抽象主义传入日本的时期。比起身边的生活，我从那些前卫艺术中感受到了更加新颖的审美品位。大家或许也知道，把在欧洲兴起的前卫艺术热心地介绍进日本的是泷口修造[1]先生。我那时频频造访他家，逐渐对新式的前卫美术产生了兴趣，再加上觉得自己的老爸过于陈腐，我便进入了现在的东京艺术大学，投身于前卫艺术的世界。

然而过了两三年，今天演讲的中心——包豪斯思想开始传进日本，那时东京艺术大学的一名老师正好曾在包豪斯学校学习，教给我许多关于包豪斯的事。

在那之后不久，我又接触到柯布西耶[2]的思想，遂扔掉画笔，抛弃绘画，勇敢地投身于包豪斯世界。

面对至今为止的纯艺术，包豪斯的理念是，把自己关在画室的美术家将不再有力量，今后需要的是与社会实际生活紧密相连的艺术，尤其是应该创造以科学技术为媒介的新的造型。

这一理念让我非常震惊。当今时代的纯艺术都是纯粹的艺术表现，即使是展览会艺术或舞台音乐，也都和普通大众没有任何关系。而包豪斯却主张比起这些，艺术更需要源于实际生活，这一理念正与民艺理论不谋而合。而在了解包豪斯的思想之后，我便毫不怀疑地勇敢地投身于其中。

虽然我一直反抗父亲，但从那时开始，我觉得自己离父亲的思想近了一些。不过，尽管已经逐渐没有了反抗之心，甚至觉得老爸也说了些很有道理的话，我却仍然与他划清界限。这是因为父亲主张的是以手工艺为中心的理论，而我认为现代终究是以机械为媒介的文化，所以必须要以机械为基础，遂与父亲站到了不同的阵线上。

尽管包豪斯思想令我深受感动，然而在不久之后，柯布西耶的思想传入日本。我开始了解柯布西耶不仅是知名的建筑家，同时也是一名设计师，还是经济学家、诗人、社会学家，是个非常了不起的人。随后我便迷上了柯布西耶的理论。

那时我刚从学校毕业，必须要去参军。我这副样子，也上了战场，在菲律宾的丛林里四处游走，不知道自己什么时候就会死掉。所以我一直背着柯布西耶的大部头著作《光辉城市》（La Ville Radieuse），怀着随时可以赴死的心情徘徊于山野中，不知过了多少年像横井先生[3]一样的洞穴生涯，终于在战后一年得以回国。

贝里安女士

如上所述，包豪斯和柯布西耶的思想渗入了我的全身，直到现在依然如此。而在战前，当我把柯布西耶视为神明一般顶礼膜拜时，正好他最重要的助手，一名叫作夏洛特·贝里安（Charlotte Perriand）的女性室内设计师来到了日本。

我在贝里安手下学到了设计的真正方法。也就是通过贝里安学到了柯布西耶的基本设计理念与技巧。为了读懂柯布西耶的书，我在无奈之下学了法语，于是出口工艺联合会便以我会法语为由，让我带着贝里安走遍了日本全国。

我们先去的是富士五湖[4]周边。当时富士五湖的周围还随处可以见到旧时的茅草屋顶的民宅，有很多非常迷人的村落。当我带领她去那里时，她无论如何都要住下一晚。当然，除了农家以外，她对住在里面的居民使用的生活用品，特别是民艺品也非常有兴趣。而她也经常来我父亲这里。那时民艺馆已经建成，她对此十分感动。身为柯布西耶的助手，她从事的当然是以机械技术为基础的新设计。而这位机械文明时代的王者居然会来到民艺馆，一开始我还觉得有些奇怪，但在和她来往的过程中，我逐渐产生"这可真是不得了，她居然会如此频繁地来老爸这里，为什么她会对这些民艺品如此感兴趣呢？"的想法，并逐渐对父亲产生了亲近之感。

不仅是贝里安，后来包豪斯学校的巨匠格罗皮乌斯[5]也曾来到这所民艺馆，柯布西耶也来过。而今天在演讲之后将会放映电影，那部电影的制作者——世界知名设计师伊姆斯夫妇[6]，也经常来到这里。

生活的内在

如上所述，新时代的艺术家、设计师、工艺家、建筑家纷纷造访这所民艺馆，而我也逐渐深切地感到我的父亲做出了非常不得了的成就。但因为之前所述的原因，我还是与他划有界限。由于我们身处于机械时代，对于在机械文明下应

该如何生存，我至今仍有很多感慨。但对于父亲，我也终于有了亲近之感。

这所美术馆主要陈列的是手工艺品，那么手工艺品与以机械技术为基础的包豪斯究竟有什么关系？现代的设计师和艺术家，又为什么会对这些作品产生憧憬和留恋之情呢？这些是我们要探讨的问题。

我的父亲在1910年前后接触到了民艺的美，开始搜集民艺品，那时还没有"民艺"这个词，所以不用花多少钱就能买到。在这里陈列的展品大多都是我们一家在1924年搬到京都之后的十年间，由我父亲以近乎不要钱的价格搜集来的。虽然这么说，钱还是多少花了一些（笑），但也相当于不要钱。如今它们因为在这里展出，价格上涨了许多，但原本是很便宜的。

在我的父亲构思民艺理论时，正巧在欧洲，毕加索开始迷上原始艺术，特别是非洲的原始艺术，并从中发展出了立体主义。他们刚好处于同一时期。民艺虽然不属于原始艺术，却也是从生活的样态中发现了纯粹的民族特质而发展出的理论。与此同时，走在现代美术最前沿的毕加索大受原始艺术感动，进而发展出各种新的事物。

没过多久，斯特拉文斯基[7]也迷上了民族音乐。东方和西方对近乎同样的美产生了感动，这不得不说是个十分有趣的现象。于是斯特拉文斯基开始将民族音乐中的不协和音及复调音等，吸收运用在作曲中。

然而，欧洲艺术家们的这种吸收运用，只是利用了民族艺术表面上的趣味。

对于欧洲这些现象，父亲的民艺论仍持否定的立场。究其原因，是因为民族艺术的美源于生活的内在。如果只是模仿表面，作品是无法呈现出民族艺术的本质特性的。也就是说，父亲想强调的是要重视生活的内在。

包豪斯思想

包豪斯也主张艺术与生活或社会必须紧密地结合在一起，经常强调只有从生活中衍生出的造型，才能作为新艺术，在今后的时代永久存续。在这一点上，包豪斯思想与民艺论有异曲同工之妙。除此之外，两者还有很多的相似之处。

由于包豪斯思想是现代设计的鼻祖，所以现代设计的很多理念都源于包豪斯。接下来，我想谈谈在继承了包豪斯精神的现代设计理念中经常出现的"优秀设计（good design）"的定义。

首先可以举出的一个要素是"用途"。越忠实于用途的产品，就越真诚而健全。换句话说，如果脱离用途，设计就无法成立。民艺论也一直在强调这点，就是所谓的"用即美"。越是忠实于用途，就越能创造出美的事物。在这点上民艺论和包豪斯理论完全相同。除此之外还有四个要素。

例如"技术"。如何在制造产品时正确地运用技术，是设计的极为重要的因素。而民艺论也以正确的制作技法为基础，认为正确地利用技术，才能产生好的物品。

第三个要素是"材料（materials）"。在设计产品时必须要顺应材料的特质，这点在包豪斯思想中屡屡被强调。包豪斯主张在设计时，首先要将材料拿在手上，这是设计流程的第一步。因此，了解各种材料的特性，制造能够发挥各种材料特性的产品，是设计的宗旨。不用说，民艺论自然也是同样的主张。

第四个要素是"平价"。由于产品需要供给大众使用，所以价格必须低廉。包豪斯思想也包含同样的理念，反对制造奢侈品。其中有一句名言是"设计是为了万人"，换句话说，不能为了一个人设计，要为了大众设计，不能设计价格高昂的产品，这一点被反复强调。由于使用者是大众，所以要尽量省去不必要的部分，尽量降低价格。虽然要降低价格，但也不能制造劣质产品。产品是否耐用、方便、舒适，要把这些因素全部结合起来，考虑综合成本。民艺也是如此，在这里陈列的展品虽然现在价格很高，但在明治时期（1868—1912）之前，这些物品都是大家的祖父或曾祖父用过的东西，价格非常便宜。在民艺设计中，价格非常高昂的上等货也与民艺的宗旨相背。

不用说，贵族式的艺术品并不符合民艺的宗旨。在这所民艺馆里没有会出现在豪宅或宫中的高级产品，都是出自庶民生活的器具。所以虽然它们现在价格很高，原本却并不是很贵的东西。

柯布西耶也非常厌恶花里胡哨的贵族式取向的艺术，曾对"炫耀式艺术（art d'apparat）"进行过强烈的抨击。在柯布西耶的著作《今日的装饰艺术》（*L'Art décoratif d'aujourd'hui*）中也曾对此提出批判，说那种东西不能算是设计，真正的产品应该为庶民的实际生活服务。

稍微跑下题，当年柯布西耶造访日本时，我曾经带他去桂离宫[8]，然而他却过而不入，对桂离宫没有一丝兴趣。反而在先斗町[9]的窄路上来来回回，一脸欣喜。

原因是桂离宫太过上等，太过贵族主义，里面都是标榜特殊和奢华的艺术品。刚才提到的《今日的装饰艺术》里写得很清楚，真正的人类生活的理想形态存在于庶民生活之中。民艺也是如此，对于那种贵族式的艺术可以说是抱有否定的态度。

机械制品与手工艺

最后一个要素是"量产"。既然处于机械时代，就必须能实现量产。刚才也说过，要为大众提供产品，所以必须要大量生产，不能只制作单品，要达到一定的数量。

而为了达到一定的数量，就需要设计出易于量产的产品。就算外观再出色，如果不能实现量产也行不通。要尽量提出适合用机械批量生产的设计。在这点上，民艺论也是同样的观点。

曾经轰动一时的大井户茶碗，过去只是朝鲜人用来吃饭的再平常不过的碗，后来被爱好茶道的人看中并极力推崇，才变成了价格上亿的物品，这正反映出了真正的好东西出自庶民生活之中这一民艺论的思想。而在设计领域，不用说，包豪斯思想也赞同这一点。

然而不同之处是，民艺论以手工艺为中心，而包豪斯终究还是以机械为前提。当然，提倡民艺论的柳宗悦并没有对机械持否定态度，他只是主张如果当今的机械制品继续这样发展下去，会被只顾牟利的商业主义或流行趋势扭曲，变成不健全的样态。

无论是格罗皮乌斯还是柯布西耶，都将机械制造作为绝对条件，我也同意他们的观点。虽然这里展出的都是手工艺品，你们之间应该也有喜欢手工艺品的人，然而在生活中使用的手工艺品恐怕只占百分之几，连百分之十都不到。今天来到这里的大多数人穿的都是由机械制作的衣服。所以，如果民艺真的是为了大众而存在，那么为了现代的大众，民艺的对象就必须要成为机械制品。不知道是不是因为我自己从事工业设计，才会有这样的感觉……

无论如何，当今的问题是如何将机械制品与民艺联系在一起。

让我们回到刚才的话题。包豪斯提倡的"社会与艺术必须结合在一起"这一思想，最开始要追溯到遥远的1880年，民艺论提出四十年前，是由英国的拉斯金与莫里斯这两位有名的艺术评论家和工艺家提出的。^{（10）}

当时世界刚进入机械时代，工业革命发生，机械化逐渐发展。正如刚才所说，如果机械化能向正确的方向发展，那当然最好不过。然而因为商业主义和资本主义——当然资本主义和商业主义也并不一定就是罪恶的——产生了很多弊病，使缺乏诚信的带有欺瞒性质的产品在世界上泛滥。现在你们穿着的衣服，基本上都是带有欺瞒性质的产品（笑）。当然也有人穿着好衣服啦……当时那种现象十分猖獗，而拉斯金和莫里斯认为这样下去不行，便对提倡《国富论》的亚当·斯密进行了抨击。

四十年之后，日本也迎来了现代化的浪潮，而柳宗悦便在那时提出了民艺论。把这两件事结合在一起看，会觉得这个现象非常有趣，正是时代背景导致了这样的情况。

意识与无意识

我在前年去了不丹。在不丹没有穿洋装的人。大家都穿着在全世界都可以称得上是数一数二的斜纹民族服饰，全都非常迷人，没有一件丑陋的衣服。这大概就是民艺论所说的"真正的美出自无有好丑^{（11）}的地方"吧。真的全都令人着迷。

不丹人基本上都非常和善友好，特别是十四五岁的少年。在日本，这个年纪的少年大多比较叛逆，令人头疼，然而不丹的少年却会认真地向你行礼。他们还穿着类似御寒和服（どてら）的服饰^{（12）}，真的很棒。

日本在德川幕府末期时，大概也是那个状态。然而，在受到现代化的洗礼之后，不丹也逐渐出现了一些变化的征兆，开始向奇怪的方向发展，人们的日常生活和内心也随之出现了混乱。究竟该如何才好，是一个令人头疼的问题。

在不丹，制作纺织品的人们都像普通的工艺品制作者一样，完全没有考虑要制作精美的东西，或是要在日展^{（13）}、国展^{（14）}或民艺馆展上获奖。他们只是努力地编织出供自己使用的东西。这种美被称为"无意识之美（unconscious beauty）"。

这种"无意识之美"也是一个非常有趣的课题。之前的艺术都是"对美有意识的美（conscious beauty）"，而"无意识之美"是"没有意识到美的美"。

在毕加索被非洲雕塑感动，发展出立体主义之后过了一二十年，也就是距今五十年前，"无意识之美"开始在欧洲盛行，出现以达达主义、超现实主义为中心的运动，并以弗洛伊德和安德烈·布勒东^{（15）}等著名精神分析家的理论为支持。

这种理论的根源是"Automatism"，叫"精神自动主义"，也就是在意识之前作画。也许大家会怀疑，这样真的能作画吗？但在学校里，当老师讲课时，后排那些爱恶作剧的孩子也会无意识地在笔记本上涂鸦，那就是一种"自动性绘画"，也就是无意识地作画。

除此之外，毕加索、曼·雷^{（16）}等著名艺术家还进行过实验，一个人先画出头部，把纸挡住，再让另一个人画中段，另一个人画脚部，最终连接在一起，完成非常有趣的图像。而在第一次用文字玩这种游戏时，一个人写下了"优美"，一个人写下了"尸"，一个人写下了"骸"，连起来得到的"优美尸骸"，便成了这个著名游戏的名称。^{（17）}达达主义和超现实主义的人还进行了许多这样的实验。"无意识之美"的确是一种很棒的表现方法。

这些运动与同样倡导"无意识之美"的民艺论发生于同一时期。

不过，他们尝试的这些"无意识之美"，和刚才提到的毕加索发展出立体主义的性质一样，都只是表面上的技术。尽管如此，这些也确实是更加前进了一步的现代技术。

我曾去过现代前卫音乐家格什温^{（18）}和一柳慧^{（19）}的音乐会。台上摆着钢琴，而一柳先生突然钻到钢琴下方，从下面开始"哐哐"砸琴，弹出在无意识下偶发的音，听起来非常异样。如果觉得这种方式是好的方式，艺术家就必须主动地在作品中采用这种手段。

不用说，现代是"意识"的时代。该如何有意识地使用无意识的力量呢？答案就是"他力本愿"，也许要靠神的力量。

如果觉得某种方法很好，就必须不断使用，这便是欧洲对于"无意识之美"的态度。

现代设计与民艺

民艺论主张无意识之美，认为工匠并没有要做出美丽作品的意识。刻意创造美的艺术家总会有弱点，所以不应该采取这种方式。只要切实地遵循用途制作产品，便会自然地产生美的效果。也就是刚才提到的"用即美"。这是东方对"无意识之美"的见解。

我想谈论的是，现代设计和民艺论究竟应该有怎样的联系。

柯布西耶曾说过一句著名的话，"住宅是供人居住的机器"。在现代的住宅中，不管是墙壁还是其他的一切，都是机械制品。然而，如果因此就把重点放在机械上，是行不通的。原点仍然在人类的居住上。人类是生理性的动物，同时也是心理性的动物，这一点尤为重要。

在民艺制品中，之所以能产生这么多优秀的作品，就是因为制作者和使用者直接紧密相连。 民艺原本的理念便是发自内心地制作优秀的产品，这种心态就叫作"手艺人精神（craftsmanship）"，即制作者以制作优秀的产品为荣，这种品质在现代尤为欠缺。面对机械制品，也许很难说要秉持"手艺人精神"，在现代的语境下，可以把"手艺人精神"换作"产品制作人精神（productmanship）"。在现在这个全部都是机械产品的时代，如果企业和资本家不能秉持"产品制作人精神"，抱着必须要制造优秀产品的理念，就很难制造出好的产品。

墨西哥的芦笛

我经常提到，在大约五年前，我曾被招待到墨西哥的深山里，那里的印第安人都穿着传统服饰，非常美丽。那里一到春天，小麦便会发芽，我们就在田地里踩麦穗。踩着踩着，有两个老爷爷步履蹒跚地走过来，用刀砍下长在田里的芦苇，做成芦笛吹了起来，声音令人沉醉。而踩着麦穗的女人们也配合着笛声，有节奏地在地上踩起脚来。那笛声真的非常迷人。虽然不像长笛的声音那么清澈干净，甚至还有点浑浊不清，但那声音源自他们的生活，非常的美。

在安第斯山脉的深处，山峰和山峰之间隔着数千米，然而那里的人从山这头呼喊，声音却能传到山那头去，他们的声带真是强韧得不可思议。至于喊话的内容，则是表白求爱。那里的年轻男女在表白时不会直接见面，而是从远方呼喊。如此浪漫而饱含真挚爱慕之情的声音，自然会化作优美的回声传到彼方。

当我把这件事告诉武满彻[20]先生时，他非常感慨地说："是吗，在西藏的喜马拉雅山深处也有类似的地方。那真是太棒了，没有任何事物能与之媲美。"

两年前，我曾在意大利召开自己的设计展，会场北边有一片湖，一位知名家具品牌的社长因为我难得来一趟，便招待我去参观。在那片湖附近有一座高丘，丘顶有一座城堡，社长把我领了进去。城堡非常气派，红砖外墙有这么（约一米）厚。意大利的城堡都建在山上，外部围着城墙，里面是广场。走近一看，广场四周的城墙虽然是外墙，却也是城堡建筑的一部分，宽约20米，像长屋一样围成了一圈。那墙壁也是用红砖砌成的，不过颜色非常雅致，令人心静。一走进去，发现里面是非常明亮的纯白色，吓了我一跳。至于这些房间的用途，竟然是制作电子音乐的工作室。在那里摆着索尼、飞利浦等世界一流的录音机，设备之高端令人震惊。想来音乐家们就是在那里运用电子合成器来作曲的。

城堡里有很多个房间，下一个房间里有钢琴家在弹钢琴，再下一个房间里又有人在拉小提琴。想来在电子合成器的房间应该也能听到钢琴和小提琴的声音，最后还要用电子合成器进行组合并作曲，真是颇费周章。我当时为眼前的景象瞠目结舌。

在被社长问到"柳先生，怎么样？"时，佩服当然是佩服，但我突然想起了墨西哥深山中的芦笛声。电子合成器的确能实现任何声音，作曲的人也非常努力，世界闻名的音乐家和作曲家在这里齐聚，但还是让人觉得有些奇怪。一句话来说，就是这些人仅凭感觉在作曲。

我也从事设计工作，所以包括摇滚、爵士和民族音乐在内，什么音乐都会听，当然也听前卫音乐。前卫音乐的确会让人叹服不已，可还是有些不足，怎么也赶不上在墨西哥的群山深处听到的感情充沛的笛声，其差距就是这一点。

于是我便和社长聊起了墨西哥的芦笛的话题，鉴于也不能太不给人家面子，还加了一句"但是这里的设备可真是太棒了，相信在这里肯定能作出优秀的曲子"的客套话（笑）。现代可真是复杂啊。

传统与复原

虽然我在这里说了很多大话，但要被问到我到底做过什么了不起的设计，我也只能表示羞愧。和民艺馆中这些精彩的作品相比，好的设计实在很难产生。

这里的作品都是手工艺品，而我制作的主要是机械制品。然而，如果因为喜欢手工艺品，就试图用机器仿制，那可是大错特错。正是因为以手工制作，才能产生好的手工艺品，如果改为用机械制作，就变成了另一回事。这些手工艺品在当时既被用于人们的生活，又处于当时的时代和环境之下，势必会产生那样的形态。

所以，有人认为这些快要消失的手工艺品很可惜，必须努力进行复原。虽然民艺馆如今也在进行复原工作，但复原的意义仅是把物品作为参考资料留存下来，并没有那么重要。就算产品得以复原，也绝对无法胜过原物，只能变成所谓的模仿，也就是画虎类犬的东西。

如果想制作能够胜过以前的手工艺品的东西，只能利用现代技术，制作符合现代生活的产品，否则绝对无法成功。只靠模仿是不行的。机械制品正因为是靠机械技术生产，才能创造出有机械的特点的东西。而民艺品则具有手工制作的产品的优点。如果我们对这点有错误的认知，想把一切手工艺品复原后使用，我认为是绝对行不通的。

那么我们到底应该从手工艺品中学习什么呢？虽然有很多难点，但首先应该要学习人性，也就是人情味。虽然这在机械制品上很难实现，但就像刚才提到的柯布西耶曾说过的"住宅是供人居住的机器"一样，居住才是绝对重要的。对人类来说，情感、爱这些东西果然还是必不可少的。制作者和使用者的关系叫作社会共同体，换句话说，心与心的联系是最重要的。当今的大多数产品缺乏心与心的联系，动不动就要求快速赚大钱，或是突出引人注目的花哨外形，或是强调追随虚无的流行，以达到畅销的目的，所以才会产生那些奇

怪怪的产品。我们不能那样做，在制作产品时，要注重心与心的联系，我觉得这是最重要的事。

同时，只要有心与心的联系存在，不管在哪个时代，运用哪种技术，都能产生像这所民艺馆中展示的作品一样温暖的作品。

有人曾说"如果是柳先生的作品，即使是机械制品，想必也会有传统的风格"。然而我并不怎么在意作品是否传统。要是在意是否传统，便会做出怪异谄媚的东西，所以不能那样做。我认为只要是为了现代人的使用，运用现代的技术，符合物品的用途，忠实地遵循刚才提到的五项要素，不管现代的环境与从前相比有了多少改变，即使是机械制品，身为日本人的我在日本这块土地上设计的产品也必然会带有日本的传统色彩。我认为这才是真正的继承传统。

当然，我经常接触民艺馆里的这些作品，它们流露出的温暖和人情味的确滋养了我，成为我的血肉。但我不会直接模仿这些作品，还是应该以机械技术为本，学习民艺的精神。此外，我们还必须了解民艺精神究竟从何处产生。

挽救现代文明

综上所述，我的设计是为了你们存在，所以我的作品表现的并不仅是我自己，也表现了你们，这就是所谓"背景的表现"。作品的背景和制作者必须结成紧密的关系，那就是"爱的关系"。如果没有这种互敬互爱的心，现代文明无论如何都无法得到挽救。

当然，曾经有许多文化人对科学技术和机械技术进行过诅咒。卡莱尔[21]、安德烈·纪德，以及拉斯金、莫里斯等，也许都曾一定程度上诅咒过机械文明。然而，如今我们已经步入科学时代、机械时代，时代的洪流已经不可逆转。试图逆时代而行，是绝对行不通的。过去是为了现在和未来而存在的，硬要让过去活在现代是错误的。

换句话说，在物品的制作手段上，不管是不是运用机械，只要确实遵照刚才提到的"产品制作人精神"进行创作，就一定能制作出好的东西，我们必须怀着这样的信念。我对科学技术当然抱有肯定态度，不过我认为，问题的关键还在于如何运用科学技术。

原子能也是同样，是好是坏全都在于使用的方式。如果用于做坏事，便会非常危险。

如今我们已经被"核战争"这个观念所威胁。想要挽救这个局面，必须互相抱有诚挚的爱。我认为这份人与人之间的爱，才是民艺的终极理念。

* 再次登载于《民艺》368 号（1983 年 8 月）

〔注〕

（1） 泷口修造（1903—1979），日本近代著名美术评论家、诗人、画家，日本超现实主义理论的奠基者。在学期间接触到欧洲现代主义诗歌和达达主义、超现实主义思想。1930 年译介安德烈·布勒东的《超现实主义与绘画》，1937 年与山中散生策划"海外超现实主义作品展"，晚年任东京国立近代美术馆运营委员。

（2） 勒·柯布西耶（Le Corbusier，1887—1965），瑞士—法国建筑师、设计师、画家、雕塑家和作家，20 世纪最重要的建筑师与城市规划师，被视作"功能主义之父"和现代建筑的先驱。

（3） 横井庄一（1915—1997），1944 年在关岛担任陆军伍长，日军战败后躲入关岛深山，挖洞穴栖身，直到 1972 年被当地猎人发现，才重回日本。

（4） 山梨县一侧富士山脚下五个湖泊（河口湖、山中湖、西湖、本栖湖、精进湖）的总称，现均在富士箱根伊豆国立公园内。

（5） 瓦尔特·格罗皮乌斯（Walter Gropius，1883—1969），德裔美国建筑师及建筑教育家，包豪斯学校的创办人。现代主义建筑学派的倡导者与奠基人之一。

（6） 查尔斯·伊姆斯（Charles Eames，1907—1978）与蕾·伊姆斯（Ray Eames，1912—1988），美国设计师，设计领域涉及家具、住宅、玩具等，致力于开发新材料、运用新技术生产低造价高质量的日用品，引领现代风潮。其代表性的设计作品包括 DCW（木质餐椅）、伊姆斯躺椅、儿童椅和伊姆斯住宅等，《华盛顿邮报》称他们二人改变了"20 世纪坐的方式"。

（7） 伊戈尔·斯特拉文斯基（Игорь Фёдорович Стравинский，1882—1971），20 世纪著名俄裔作曲家。 第一次世界大战爆发前，他以《火鸟》（1910）、《彼得鲁什卡》（1911）、《春之祭》（1913）三部为芭蕾舞剧创作的作品闻名，这三部作品取材于俄罗斯民间故事、融入俄罗斯民族音乐风格，大量运用不协和音及不对称节奏并拓展了音乐设计的边界。1920 年之后其创作转向新古典主义风格。

（8） 位于京都市西京区的日本皇室宫殿，始建于 17 世纪，被认为是日本庭院建筑的杰作。由宫内厅管理，参观桂离宫需先向宫内厅京都事务所递交申请。

（9） 京都市中京区鸭川和木屋町通之间的花街，京都五花街（祇园甲部、祇园东、上七轩、先斗町、宫川町）之一，如今也是餐馆、酒吧云集的商业街。

（10） 英国艺术评论家约翰·拉斯金（John Ruskin，1819—1900）和从事绘画创作及家具、布料设计的艺术家威廉·莫里斯（William Morris，1834—1896）在 1880 年发起了工艺美术运动（Arts and Crafts Movement，或译艺术与工艺运动），以反思工业化为出发点，提倡手工生产，艺术与技术、生活相结合，向自然学习，为大众而设计等。

（11） 出自《无量寿经》，经中阐述阿弥陀佛成佛因缘、所发四十八大愿及净土样貌。"无有好丑"即来自四十八愿第四："设我得佛，国中天人，形色不同，有好丑者，不取正觉。"

（12） 应指不丹民族服饰——帼（Gho）。

（13） 指日本美术展览会，前身是 1907 年设立的文部省美术展览会。经历官办、半官办时期后，现由公益财团法人"日展"主办，每年 11 月前后于国立新美术馆开展，是团体展中参观人数最多的。

（14） 指国画会展览会，前身是 1917 年首展的国画创作协会展。现由国画会主办，每年 5 月前后于国立新美术馆开展，展览分绘画、版画、雕刻、工艺及摄影五个部门，是日本最大的公开征集作品的展览。

（15） 安德烈·布勒东（André Breton，1896—1966），法国作家及诗人，超现实主义的创始人。早年曾学习医学与精神病学。1924 年他编写了《超现实主义宣言》，在其中将超现实主义定义为"纯粹的精神自动主义（pure psychic automatism）"，要运用这种自动主义，以口头或文字或其他任何方式去表达真正的思想。

（16） 曼·雷（Man Ray，1890—1976），长居于巴黎的美国视觉艺术家，主要从事绘画、摄影创作，对达达主义和超现实主义运动做出了巨大贡献。

（17） "优美尸骸"原为法语 cadavre exquis，据参与者回忆当时得到的句子是"Le cadavre exquis boira le vin nouveau（优美的尸骸应喝新酒）"。 除了曼·雷，20 世纪初许多艺术家如布勒东、 马塞尔·杜尚（Marcel Duchamp）、 伊夫·唐吉（Yves Tanguy）、 胡安·米罗（Joan Miró）、 弗里达·卡罗（Frida Kahlo）都热衷于这项游戏，留下了很多有趣的作品。

（18） 乔治·格什温（George Gershwin，1898—1937），美国作曲家，

把古典乐与爵士乐和布鲁斯的风格相结合。代表作有《蓝色狂想曲》（*Rhapsody in Blue*），《一个美国人在巴黎》（*An American in Paris*），歌剧《波吉和贝丝》（*Porgy and Bess*）等。

（19）一柳慧（1933— ），日本作曲家、钢琴家。在美国学习期间师从先锋派古典乐作曲家约翰·凯奇（John Milton Cage Jr., 1912—1992），受其影响将图形符号和不确定性的音乐结合在一起，并参与了前卫艺术活动。归国后演出美国前卫音乐和自己的作品，震惊了日本音乐界。

（20）武满彻（1930—1996），日本现代作曲家，自学音乐，受古典、爵士、电子乐、日本传统音乐等多种风格影响，并创作有大量电影配乐作品。20 世纪 50 年代曾加入泷口修造创办的年轻前卫艺术家团体"实验工坊"。

（21）托马斯·卡莱尔（Thomas Carlyle, 1795—1881），英国维多利亚时代重要的历史学家、社会评论家、作家，主要作品有《论英雄、英雄崇拜和历史上的英雄业绩》（*On Heroes, Hero-Worship, and The Heroic in History*，1841）、《法国大革命：一部历史》（*The French Revolution: A History*，1837）等，后者启发狄更斯写作了小说《双城记》（*A Tale of Two Cities*，1859）。

无名设计

在"设计"一词变得人尽皆知之后，大大小小的事物都要和设计沾上边，设计师也一时之间广受吹捧。然而不久便出现了相反的声音，认为有些设计可以排除设计师的影响，便产生了"无名设计"（anonymous design）一词。我第一次看到这个词，是在唐·沃拉斯（Donald A. Wallance）1956年的著作《美国的产品设计形态》（*Shaping America's Products*）中。那本书除了知名设计师的作品之外，还介绍了牛仔裤、化学实验容器、厨房用品等多种无名设计。相关书籍还有知名设计评论家鲁道夫斯基（Bernard Rudofsky）在1964年出版的《没有建筑师的建筑》（*Architecture Without Architects*）。这本书介绍了从世界各地不同的自然环境里诞生的极富特色的原始住宅建筑，通过这些美好的无名建筑，给丑恶的现代建筑敲响了一记警钟，获得了诸多好评。

在最早步入现代化的美国，随着经济发展，产品开始过剩，进入了浪费的时代。在激烈的商品竞争中，商家必然会为了在竞争中胜出而不择手段，也使设计师被卷入其中。换句话说，设计变得一味向商业看齐。当然，也有少数像伊姆斯这样真诚的优秀设计师勉强保住了设计界的名誉，然而大多数设计师为了勾起人们的购物欲，都热衷于刺激性的设计，或为了加速商品周转而一味追寻瞬息万变的流行设计，这类设计被称为"冲动设计（impulse design）"。就是因为这种主张过强的炫耀式"冲动设计"泛滥，才使人们变得疲惫不堪，眼神虚无。而"什么都不是"的设计，也就是"无名设计"，便在此时登场。

"anonymous"一词在词典里是"无名"的意思，也就是没有设计师介入其中。说到无名，过去纯粹的民间工艺便是无名的作品，创造的目的是供不同地区的人们使用，而且是由无名工匠制作而成，并不是艺术家和设计师创造出的特别的作品。与今天的炫耀式设计相比，那些忠实地依照不同地区人们的生活用途打造而成的无名作品，有一种健康稳重的美。实际上，在这些作品中蕴含着人性温暖的本质，其魅力足以吸引已经双眼浑浊、身心疲惫的人们的目光。然而过去的民间工艺主要以手工制作为主，在当今的机械时代，想要依照原本的模式支撑人们的生活是很困难的。在如今由机器制造的生活用品中，是否还存在排除了设计师影响的物品呢？虽然为数甚少，但下面就让我举两三个例子，来说明无名设计的本质和优点吧。

1. 牛仔裤。牛仔裤已问世约一百五十年。在不断变化的时尚风潮中，如此长寿的服装非常罕见。据说牛仔裤最初是矿工在劳动时穿的工服，由于矿工的工作强度很大，所以工服必须要结实耐用，在这点上丹宁布的质地再合适不过。丹宁布原本有茶色、灰色和蓝色三种颜色，其中蓝色最易染色又不易褪色，所以最初在美国生产的便是现在最为常见的蓝色牛仔裤。矿工需要把矿石和工具等放进口袋，但口袋底部很容易开线，于是便想出了用铜质铆钉加固口袋，使其更结实的方法。然而坐下时，铆钉会硌疼臀部，再加上阳光的长期照射会使铆钉发烫，令人很头疼。最终人们通过把铆钉缝进布料中解决了这个问题。其他还有一些随着时间推移被逐渐改良的地方，但由于牛仔裤原本就是劳动工服，功能是承受剧烈的劳动，所以大体上没有什么变化，在今日仍保持健康的生命力。

2. 棒球。对于参加竞技的人们来说，棒球是为了投球、接球、打球而存在的物品，使用起来必须最为舒适顺手，还要有适度的弹性，具备即使稍微被粗暴对待，也不会有任何改变的坚固度。换句话说，由于选手会把全部精神集中在球上，所以这颗球也必须能回应选手，具备十分健全的形态。球的表面是染成白色的鞣制牛皮，上面用红色麻绳缝合了两张葫芦形的皮衣。这处缝线十分重要，是实现曲线球、直线球等不同球路的关键。以用途为基础的这条红色缝线，画出的高次曲线是多么的优美！这正是所谓的"用即美"。可以说，棒球中蕴含着审美意识再高的设计师都无法触及的庄严之美。

3. 冰镐。冰镐对攀岩或攀登冰壁的登山者来说是十分重要的工具。冰镐细长的镐柄上端是用来凿洞的镐尖（尖部）和用来挖出立脚处的铲头（平部），两者维持着绝妙的平衡，形成了冰镐的主体造型。登山者会用手掌牢牢握住镐尖和铲头的根部，将附着在冰镐镐柄下部前端的铁制柄尖插在地上用作手杖。由于冰镐的使用顺手程度直接关系到攀登者的性命，所以在设计上省去了一切无用的部分，不断改良至刚好满足使用功能的形状，没有任何可供设计师的审美意识介入的余地，最后反而形成了庄严的形态，可以说是无名设计的典型案例。这种以保障人类的生命安全为出发点设计的物品，拥有那些为了赚钱而制造出的物品所无法比拟的美丽姿态。

最近，无名设计的产品开始在百货店等地的"无品牌商品专柜"出现，在年轻人中大受欢迎。或许是因为年轻人已对泛滥成灾的设计感到厌倦，反而从无名设计中得到了心灵的安慰。或许无名设计正是这被浊流席卷的现代文化中的一剂清凉剂。

柳宗理年谱

1915年，出生。

1942年，在坂仓准三建筑研究所。

1944年前后，在菲律宾。

1950年，最初的研究所成员在前庭休息。

年代（年龄）	大事记	作品
1915年 **0**岁 （大正4年）	6月诞生于东京原宿，为柳宗悦·兼子夫妇的长子。	
1935年 **20**岁 （昭和10年）	就读东京美术学校（现：东京艺术大学）西洋画专业。	
1936年 **21**岁 （昭和11年）	日本民艺馆（位于东京市目黑区驹场）开馆。	
1939年 **24**岁 （昭和14年）		《前卫艺术》美术特辑封面设计
1940年 **25**岁 （昭和15年）	毕业丁东京美术学校西洋画专业。成为社团法人日本出口工艺联合会的特邀人员。	唱片封套《斯特拉文斯基·火鸟》
1941年 **26**岁 （昭和16年）	陪同夏洛特·贝里安考察日本，协助举办展览"选择·传统·创造"（东京·大阪，高岛屋）。	
1942年 **27**岁 （昭和17年）	成为坂仓准三建筑研究所的研究员（至1945年）。参与"列奥纳多·达·芬奇展"（上野）的展场设计。	
1943年 **28**岁 （昭和18年）	作为陆军报道部宣传班成员前往菲律宾（1945年在当地因战败被俘）。	
1946年 **31**岁 （昭和21年）	从菲律宾回国。开始研究工业设计。	
1948年 **33**岁 （昭和23年）		松村硬质陶器系列（松村硬质陶器）
1950年 **35**岁 （昭和25年）	设立柳工业设计研究所。	磁带录音机（东京通信工业）
1952年 **37**岁 （昭和27年）	参与设立日本工业设计师协会（JIDA）。以作品"唱片机"（大奖）和"真空管包装设计"入围第一届新日本工业设计大赛（现：每日ID赏）。	水龙头、洗手液容器（西原卫生工业所） 唱片机（日本哥伦比亚唱片公司） 真空管包装（神户工业） "青柳米粉糕"包装纸（青柳总本家）
1953年 **38**岁 （昭和28年）	设立财团法人柳工业设计研究会。就任女子美术大学讲师（至1967年）。成为国际设计协会（现：日本设计委员会）会员。	厚底圆筒Y型玻璃杯（山谷玻璃） 速沸水壶（东京瓦斯） 沙拉油罐标签（冈村制油）
1954年 **39**岁 （昭和29年）		折叠桌（山口木材工艺） 叠摞凳"象凳"（小型，寿社）
1955年 **40**岁 （昭和30年）	就任金泽美术工艺大学工业美术学科教授。	缝纫机（RICCAR缝纫机） 管装油画颜料、洗笔液容器（KUSAKABE） 摩托车的研究模型

年代（年龄）	大事记	作品
1956年**41**岁 （昭和31年）	作为演讲者出席第六届阿斯彭国际设计大会（Aspen Design Summit）。 考察美国、欧洲的工业设计。 举办"第一届柳工业设计研究会展"（银座松屋）。	蝴蝶凳（天童木工） 白瓷器系列"白瓷土瓶""酱油瓶"（岐阜县陶瓷器试验场） 电动三轮车（三井精机） 燃气炉（东京瓦斯）
1957年**42**岁 （昭和32年）	受邀参加第11届米兰三年展，获得工业设计金奖。 参加"优秀设计交流展"（北欧）。	
1958年**43**岁 （昭和33年）	"蝴蝶凳"被纽约现代艺术博物馆选为永久馆藏。	半瓷器系列（知山陶器） 不锈钢水罐（上半商事） 油画刀（KUSAKABE） 黑土瓶（京都五条坂窑）
1959年**44**岁 （昭和34年）		分色盘（牛之户窑） 焦炭炉（千叶铸物） 月刊《意匠》封面设计
1960年**45**岁 （昭和35年）	担任世界设计会议（东京）执行委员。 举办"柳宗理·陶器设计展"（银座松屋）。 以"蝴蝶凳"等作品参加第12届米兰三年展。 被聘为国立卡塞尔造型艺术学校（Staatliche Werkkunstschule Kassel，德国）教授（1961年回国）。	双回转式低盘秤"珍珠"（寺冈精工所） 小型厢式货车（富士汽车） 不锈钢碗（上半商事） 单手锅、双手锅（丘比制铝） 砂锅（出西窑） form 12月刊封面设计
1961年**46**岁 （昭和36年）	参加"JAPAN FORM（日本之形）"展（德国卡塞尔）。	吧台椅（寿社）
1963年**48**岁 （昭和38年）		旋转式胶带台（共和橡胶） 横盘秤"noble"（寺冈精工所）
1964年**49**岁 （昭和39年）	受邀参加第三届卡塞尔文献展（德国）。	电动缝纫机·半自动人字车（RICCAR缝纫机） 盥洗台（东洋陶器） "SID餐厅"看板 木偶（鸣子高龟） 《卢浮宫美术馆》装帧（讲谈社） 火炬、圣火容器（东京奥运会）
1965年**50**岁 （昭和40年）	参加第20届设计艺廊（Design Gallery）展"无名设计展"（银座松屋）。	柳工业设计研究会山中小屋的内部装潢（轻井泽） 聚丙烯叠摞凳（寿社） 皇居新宫殿的洗手池（东洋陶器） 龟车玩具（鸣子高龟）
1966年**51**岁 （昭和41年）	作为日本代表出席国际设计会议（芬兰）。	玻璃杯、茶杯与杯托（佐佐木玻璃） 组装式出风口、出风口的产品目录封面设计（高砂热学） 《东京国立博物馆》装帧（讲谈社）
1967年**52**岁 （昭和42年）		尖角玻璃杯、水壶（山谷玻璃） 箱根拼木的包装 曲木桌椅（秋田木工）

1953年前后。

20世纪50年代，手持设计好的无线电钟。

1956年，考察工业设计，于马德里机场。

1956年前后，在三轮卡车模型前。

1958年，与凯·弗兰克（Kaj Franck）在研究会的工坊。

20世纪50年代。

1960年，在研究会工坊，与恩佐·马里（Enzo Mari）、马克斯·胡伯（Max Huber）、布鲁诺·穆纳里（Bruno Munari）相谈甚欢。

1961年，与卡塞尔的学生们一起。

年代（年龄）	大事记	作品
1968年**53**岁 （昭和43年）	参加第52届设计艺廊展"柳宗理·天桥规划方案展"（银座松屋）。	"工业废水处理装置""污水处理装置"的产品目录封面设计（西原卫生工业所） 鸽笛玩具（鸣子高龟） 供神酒壶（牛之户窑） 可动玩具·犬与鸟
1969年**54**岁 （昭和44年）		边椅、边桌（寿社） 新型横盘秤（寺冈精工所）
1970年**55**岁 （昭和45年）		Kopf开罐器（小坂刃物） 产品陈列架（好利获得公司[Olivetti S.p.A.]） 野毛山公园的导览图、天桥（横滨市） 茶桌与椅子（寿社）
1971年**56**岁 （昭和46年）		胶带架（共和橡胶） 《世界美术馆系列（全36卷+3卷）》装帧（讲谈社）
1972年**57**岁 （昭和47年）	在国际笔会（京都）演讲"设计与日本传统"。 设立柳设计股份有限公司（现·柳商店）（东京滨松町）。	餐桌、餐椅（天童木工） 圣火台、圣火皿、火炬（札幌冬奥会） 大阪葛叶新城的人行天桥 横滨市营地铁设施设计（横滨市）
1973年**58**岁 （昭和48年）	担任"国际手工艺品展"（加拿大）评审。	烟盒、不锈钢插花容器（青木金属） 铝制铅笔架、杂物收纳盒
1974年**59**岁 （昭和49年）		不锈钢餐具（佐藤商事） "纹次郎"凳与茶桌（天童木工）
1975年**60**岁 （昭和50年）	在"20世纪"座谈会（京都）上演讲。 举办"柳宗理设计"展（银座松屋）。	青花瓷碗、小茶壶、茶杯（白山陶器） 曲木镜子（秋田木工） 厕纸架"PON"（寺冈精工所） 公交站亭（寿社） 《柳兼子·演唱会'75》唱片封套
1976年**61**岁 （昭和51年）		清酒酒杯（佐佐木玻璃） 垃圾桶、吸烟处设施（青木金属）
1977年**62**岁 （昭和52年）	就任日本民艺馆馆长。	柳商店柜台桌和陈列柜
1978年**63**岁 （昭和53年）	就任日本民艺协会会长、大阪日本民艺馆馆长。 获得罗马蒂贝里纳学院（Accademia Tiberina）院士称号。	《民艺》封面设计（日本民艺协会，至2006年） 日本民艺馆海报（日本民艺馆，至2004年） 扶手椅（天童木工） 黄铜吊灯（单头式、三头式） 横滨新道半地下结构的高速公路与普通公路的交叉处的设施（日本道路公团） 新交通系统 青铜控制阀的把手（北泽阀门）

年代（年龄）	大事记	作品
1979 年 **64** 岁 （昭和 54 年）		红酒杯、堆叠式花瓶、啤酒杯（山谷玻璃） 黄铜桌灯 和纸吊灯（单头式、三头式） 铸铁控制阀的把手（北泽阀门）
1980 年 **65** 岁 （昭和 55 年）	举办"柳宗理"展（意大利米兰市立现代美术馆）。	笔筒、杂物收纳盒（TAKECHI 工业橡胶） 吊灯（以中国产竹笼制成） 美术馆的管状结构穹顶项目 东名高速公路东京收费站隔音墙（日本道路公团） "FD-1""SYSTEM-1" "WRITER-A"（山下系统）
1981 年 **66** 岁 （昭和 56 年）	荣获紫绶褒章。 成为芬兰设计协会名誉会员。 在 DESIGN81（芬兰）发表主题演讲"传统与创造"。	
1982 年 **67** 岁 （昭和 57 年）		黑白方形餐具组（加正制陶） 螺旋式瞭望台设施（町田市） 黑柄餐具（佐藤商事）
1983 年 **68** 岁 （昭和 58 年）	被聘为孟买理工学院设计中心的教授（印度）。 举办"柳宗理展"（东京意大利文化会馆）。 出版《设计·柳宗理的作品与思想》（用美社）。	鹦鹉螺形装饰（后用作前川设计研究所看板，日本冶金） 《柳宗悦搜集·民艺大鉴》装帧（筑摩书房）
1984 年 **69** 岁 （昭和 59 年）		鸟笼（山川藤）
1985 年 **70** 岁 （昭和 60 年）		关越机动车道关越隧道入口（日本道路公团）
1986 年 **71** 岁 （昭和 61 年）	在世界工艺大会（加拿大）发表演讲。 "蝴蝶凳"被大都会艺术博物馆列为永久馆藏。	日本民艺馆创立 50 周年纪念碑"不二之碑" 《芹泽铚介纸样集》（民艺丛书第一卷，艺艸堂） "STD 总线板"产品目录封面设计（山下系统，至 1997 年）
1987 年 **72** 岁 （昭和 62 年）	荣获旭日小绶章。	"日本民艺展"陈列设计（印度新德里） 《缠》（民艺丛书第二卷，艺艸堂）
1988 年 **73** 岁 （昭和 63 年）	举办"柳宗理设计"展（有乐町西武创作者艺廊）。	《花纹折纸·内山光弘的世界》（民艺丛书第三卷，艺艸堂） 青花瓷酱油壶、酒杯（ceramic japan） 前川设计研究所（MID）大楼向导图
1989 年 **74** 岁 （平成元年）		樱木町大冈川步行桥 参加"用马来西亚天然橡胶制作的产品的策划项目"

1961 年，随身携带相机，拍摄了大量影像资料。

20 世纪 60 年代。

20 世纪 60 年代，珍爱的大众汽车。

20 世纪 70 年代，在轻井泽的研究会分室。

1975 年，在室外装置展会场。

1980 年，在米兰市立现代美术馆的个展会场。

1980 年，米兰个展开幕时与设计师安吉洛·曼贾罗蒂（Angelo Mangiarotti）一起进行开镜仪式。

1983 年，在拉达克地区。

年代（年龄）	大事记	作品
1990 年 **75** 岁 （平成 2 年）		运用曲木工艺，采用枹栎木复刻柳式椅子（餐椅、扶手椅，BC 工房） 骨瓷系列（用骨瓷复刻松村硬质陶器系列作品，NIKKO）
1991 年 **76** 岁 （平成 3 年）		东名高速公路足柄桥（日本道路公团） "日本民艺展""栋方志功展"陈列设计（伦敦、格拉斯哥等地）
1992 年 **77** 岁 （平成 4 年）	成为东武百货店的今日设计国际委员会（Design Today International Committee）成员。 担任冲绳县立艺术大学外聘讲师（1994 年，客座教授）。 荣获国井喜太郎工业工艺奖。 举办"Design Today（今日设计）展"（东武百货店）。	
1993 年 **78** 岁 （平成 5 年）		"日本民艺展"陈列设计（意大利罗马日本文化会馆）
1994 年 **79** 岁 （平成 6 年）	在"Japanese Design（日本设计）展"展出"蝴蝶凳"等 9 件作品。	不锈钢水壶（佐藤商事）
1995 年 **80** 岁 （平成 7 年）		蝴蝶凳（在海外由瑞士 Wohnbedarf 公司制造并销售） 东京湾跨海公路木更津收费站（日本道路公团）
1997 年 **82** 岁 （平成 9 年）	担任金泽美术工艺大学特别客座教授。	三角凳系列（BC 工房） 厨房用具、不锈钢单手锅（佐藤商事） 书桌（白崎木工） 三种地藏 可伸展桌子（天童木工）
1998 年 **83** 岁 （平成 10 年）	举办"柳宗理设计·战后设计先驱"展（Sezon 美术馆）。	贝壳椅、叠摞凳、餐桌（天童木工） BOX 架（大谷产业） 编织品"条形码图案"
1999 年 **84** 岁 （平成 11 年）	举办"柳宗理·椅子藏品展"（SAKA 艺廊）。	白瓷土瓶（复刻，上田陶石寿芳窑） 不锈钢双手锅、意面锅、铁锅、沥水篮（佐藤商事） 柳式安乐椅（BC 工房）
2000 年 **85** 岁 （平成 12 年）	举办"柳宗理·生活中的设计"展（生活起居设计艺廊）。	叠摞凳"象凳"（由英国 Habitat 公司复刻，至 2002 年） 奶锅、打泡机（佐藤商事） 分色盘（由因州中井窑复刻）
2001 年 **86** 岁 （平成 13 年）	举办"柳宗理的眼与手"展（鸟取民艺美术馆）。	柳宗理指导，因州中井窑系列
2002 年 **87** 岁 （平成 14 年）	获得"文化功劳者"称号。 举办"柳宗理展"（静冈文化艺术大学艺廊）。	南部铁器系列、夹子、叉子类（佐藤商事） 桌子（BC 工房）

167

年代（年龄）	大事记	作品
2003 年 **88** 岁 （平成 15 年）	出版《柳宗理随笔》（平凡社）。	耐热玻璃碗、四种厨房刀具（佐藤商事）
2004 年 **89** 岁 （平成 16 年）		叠摞凳"象凳"（由 Vitra 公司将材料从纤维增强复合材料改为聚丙烯进行复刻） 黑土瓶（由出西窑复刻） 柳宗理指导，出西窑系列
2006 年 **91** 岁 （平成 18 年）		边桌（由寿社复刻）
2007 年 **92** 岁 （平成 19 年）	举办"柳宗理展·生活中的设计"（东京国立近代美术馆）。 "出西窑与柳宗理·关于黑土瓶的制作"展（TOM 艺廊）。	柳式椅子（用整块曲木制作把手，复刻）、餐桌（飞騨产业）
2008 年 **93** 岁 （平成 20 年）	获得英国皇家艺术协会（Royal Society of Arts，RSA）授予的"荣誉皇家工业设计师（HonRDI）"称号。 出版 *Yanagi Design*（柳设计，平凡社）。	铸铁锅、木制碟子（佐藤商事）
2009 年 **94** 岁 （平成 21 年）	以"蝴蝶凳"等作品参加"民艺的精神·从手工艺到设计"展（法国巴黎凯布朗利博物馆）。	"纹次郎"凳与茶桌（由飞騨产业复刻）
2011 年 **96** 岁 （平成 23 年）	12 月去世。 荣获叙位正四位旭日重光章。	

作品企业名（括号内）为当时的名称
制作：柳工业设计研究会

20 世纪 80 年代。

1989 年，在研究会工坊，左起为建筑家进来廉、夏洛特·贝里安、柳宗理。

1997 年，与曼贾罗蒂在研究会工坊。

柳工业设计研究会成员（1950—1998，在籍时姓名）
鹿子木建日子、田村瑠美、田中四郎、森田正博、内田清、佐佐木悠元、生田圭夫、水川繁雄、佐藤竹夫、小牧彩子、中山武久、丸山修、田野稚三、山崎启子、户村浩、宫畑岳司、大萱昭芳、吉野和枝、笠松荣、大萱稚子、古屋英之助、名知了三、西辻秀男、池田政治、丸山澄子、松尾光伸、佐藤聪子、森角登、关修二、小山利明、正城英子、诹访满、八本茂、石井正幸、宫崎杨子、镇西顺子、西山知德、齐藤慎二、三桥幸次、广田弘子、友冈秀秋、和田礼子、川崎润一、重富章敬、矶谷庆子、内田秀行、中田朝子、藤田光一、吉田守孝

20 世纪 90 年代。

图文信息

文章初刊一览

对设计的思考
出自《设计·柳宗理的作品与思想》（1983年6月，用美社）。再次收录于 *Yanagi Design*（柳设计，2008年8月，平凡社）。

演讲 民艺与现代设计
《民艺》368号（1983年8月）。

无名设计
出自《无印之书》（1988年11月，Libroport）。再次收录于《柳宗理设计》（1998年10月，河出书房新社）、*Yanagi Design*。

刊载图片一览

1 唱片封套设计：《斯特拉文斯基·火鸟》1940
Record jacket design for "Fire Bird by Stravinsky"

2 柳宗理设计的象征标识的诞生 1950
Birth of Sori Yanagi's symbol mark

3 前川设计研究所（MID，现前川建筑设计事务所）的看板 1983 不锈钢
Sign of Mayekawa Institute of Design office building

4 直邮广告设计："柳宗理·陶器设计展" 1960
Direct mail design for the exhibition "Sori Yanagi's Ceramic Design"

5 唱片封套设计：《柳兼子·演唱会'75》1975
Record jacket design for "Kaneko Yanagi, Concert 1975"

6 瓶口附有装饰的供神酒壶 1968 陶器（蓝釉与白釉）牛之户窑
A pair of sacred sake bottles with decorations, Ushinoto kiln

7 啤酒杯 1958 半瓷器 知山陶器
Semi porcelain beer mug

8 水壶 1982 半瓷器 加正制陶
Semi porcelain water pitcher

9 黑土瓶 1958 陶器（铁釉）京都五条坂窑
Black iron glazed teapot, Kyoto Gojozaka kiln
本体与瓶口从同一模型中取出。

10 白瓷土瓶 1956 瓷器 岐阜县陶瓷器试验场
White porcelain teapot
荣获第11届米兰三年展金奖。

11 茶壶 1948 硬质陶器 松村硬质陶器
Iron stone china teapot

12 咖啡杯与杯托 1958 半瓷器 知山陶器
Semi porcelain coffee cups with saucers

13 奶油壶 1948 硬质陶器 松村硬质陶器
Iron stone china creamer

14 水壶 1948 硬质陶器 松村硬质制陶
Iron stone china water pitcher

15-a 分色盘 1959 陶器（黑釉与绿釉）牛之户窑
Pottery plate, Ushinoto kiln

15-b 甜点叉、甜点勺、甜点刀 1982 18-8 不锈钢 佐藤商事
Dessert fork, dessert spoon and dessert knife

16 方形面包盘与汤碗 1982 半瓷器 加正制陶
Semi porcelain square bread plate and soup bowl

17-a 椭圆形彩绘盘 1953 硬质陶器 松村硬质陶器
China-painting platter

17-b 甜点叉、甜点刀、茶勺、甜点勺 1974 18-8 不锈钢 佐藤商事
Dessert fork, dessert knife, teaspoon and dessert spoon

18 方形大平盘 1982 半瓷器 加正制陶
Semi porcelain square platter

19 青花瓷碗 1975 瓷器 白山陶器
Porcelain rice bowl with lid

20　青花瓷茶杯 1975 瓷器 白山陶器
Porcelain teacup

21　青花瓷茶壶 1975 瓷器 白山陶器
Porcelain teapot

22　砂锅 1960 陶器（铁釉）出西窑
Black iron grazed casserole, Shussai kiln

23　砂锅 1948 硬质陶器 松村硬质陶器
Iron stone china casserole

24　收纳盒组合 1956 瓷器 岐阜县陶瓷器试验场
Set of porcelain small containers

25　堆叠式花瓶 1979 玻璃 山谷玻璃
Glass flower vases
由红色、透明和蓝色玻璃堆叠而成。

26　尖角玻璃杯 1967 玻璃 山谷玻璃
Tumblers

27　尖角壶 1967 玻璃 山谷玻璃
Glass pitcher

28　茶杯与杯托 1966 玻璃 佐佐木玻璃
Glass cup and saucer

29　玻璃杯 1966 玻璃 佐佐木玻璃
Glasses

30　红酒杯（5 盎司、8 盎司）与啤酒杯 1979 玻璃 山谷玻璃
Two wineglasses（5 & 8 ozs.）and beer glass

31　长柄勺、糖勺、汤勺、咖啡勺、茶勺 1974 18-8 不锈钢 佐藤商事
Ladle, sugar ladle, soup spoon, coffee spoon and tea spoon

32　青花瓷酱油壶 1988 瓷器 ceramic japan
Porcelain soy pot

33　酒杯 1988 瓷器 ceramic japan
Porcelain sake cups

34　餐桌组合 A：方形餐具组合 1982 半瓷器 加正制陶
Table setting: Semi porcelain dinnerwares

35　餐桌组合 B：茶具组合 1990 骨瓷 NIKKO
Table setting: Bone china tea-set

36　芥末罐 1952 瓷器 岐阜县陶瓷器试验场
Porcelain mustard pot

37　酱汁壶 1952 瓷器 岐阜县陶瓷器试验场
Porcelain sauce pot

38　胡椒瓶 1952 瓷器 岐阜县陶瓷器试验场
Porcelain pepper shaker

39　盐瓶 1952 瓷器 岐阜县陶瓷器试验场
Porcelain salt shaker

40　小碗 1958 半瓷器 知山陶器
Semi porcelain small bowls

41　奶油壶 1982 半瓷器 加正制陶
Semi porcelain creamer

42　糖罐 1982 半瓷器 加正制陶
Semi porcelain sugar bowl

43　烟灰缸 1950 硬质陶器 松村硬质陶器
Iron stone china ashtrays

44　旋转式胶带台 1963 合成树脂 共和橡胶
Tape dispenser
本体能在沉甸甸的铁制底座上自由转动。

45　磁铁玩具 1972
Magnetic toy
一转动手柄，箱中的物体便会因磁力而转动。

46　台历 1956
Desk calendar 1956
在透明圆筒中插着三张互相衬映的日历。

47　可动玩具・犬与鸟 1968
Moving toy "Dog and Bird"
鸟从木洞中伸出头，犬便会因磁力而发出叫声。

48　油画刀 小 1958 KUSAKABE
Painting knife

49　油画刀 大 1958 KUSAKABE
Painting knife

50　管装油画颜料 1955 KUSAKABE
Tube for oil color

51　洗笔液容器 1955 KUSAKABE
Bottle for brush cleaner

52　胶带架 1971 共和橡胶
Cellophane tape helder

142 吊灯 单头式 1979
Japanese paper hanging pendant, single shape
由数张和纸重叠粘贴成形。没有灯骨，结实轻便，散发柔和光线。

143 吊灯 三头式 1979
Japanese paper hanging pendant, triple shape
由数张和纸重叠粘贴成形。没有灯骨，结实轻便，散发柔和光线。

144 吊灯 单头式 1978 黄铜
Brass pipes hanging pendant, single shape

145 吊灯 三头式 1978 黄铜
Brass pipes hanging pendant, triple shape

146 桌灯 1979 黄铜
Brass pipes table lamp

147 灯笼 1957 陶器
Ceramic lantern

148 吊灯 1980
Hanging pendant
利用中国产的竹笼制作而成。

149 鸟笼 1984 藤条 山川藤
Rattan bird cage

150 鸟笼 1984 藤条 山川藤
Rattan bird cage

151 "SID 餐厅" 看板 1964 大理石
Marble sign of restaurant "Shido"

152 首饰 1984 铜
Copper accessory

153 首饰 1984 铜
Copper accessory

154 高田家墓碑 1986 黑御影石
Gravestone for the Takada family

155 高田家墓碑 1986 黑御影石
Gravestone for the Takada family

156 东京奥运会：火炬 1964 黑色氧化铝铸件
Tokyo Olympics: The Olympic torch holder

157 东京奥运会：圣火容器 1964 聚碳酸酯
Tokyo Olympics: Container for the sacred flame

158 札幌冬奥会：圣火台 1972 青铜
Sapporo Winter Olympics: Flame-holder

159 札幌冬奥会：火炬 1972 黑色氧化铝铸件
Sapporo Winter Olympics: The Olympic torch holder

160 札幌冬奥会：圣火皿 1972 黑色氧化铝铸件
Sapporo Winter Olympics: Flame-dish

161 工坊里的柳宗理 1973
Sori Yanagi in the workshop

162 工坊的工作人员田村瑠美 1956
A staff Rumi Tamura in the workshop

163 单手锅 1960 铝制 丘比制铝
Aluminium oval shaped saucepan
通过旋转锅盖，可防止溢锅。

164 速沸水壶 1953 铝制 东京瓦斯
Aluminium "Quick to boil kettle"
在 "二战" 之后，为节省燃气而设计出的有速沸功能并且冷却较
慢的水壶。

165 单手锅 1997 18-8 不锈钢 佐藤商事
Stainless-steel saucepan

166 水壶 1994 18-8 不锈钢 佐藤商事
Stainless-steel kettle

167 水罐 1958 18-8 不锈钢 上半商事
Stainless-steel water pitcher

168 双手锅 1960 铝制 丘比制铝
Aluminium pot

169 双手锅 锅盖内侧 1960 铝制 丘比制铝
Aluminium pot: reverse side of the lid
锅盖内侧边缘的凹陷，使蒸气更易散出，防止溢锅。

170 长柄勺 小 1997 18-8 不锈钢 佐藤商事
Stainless-steel ladle

171 撇沫勺 1997 18-8 不锈钢 佐藤商事
Stainless-steel skimmer

172 长柄叉勺 1997 18-8 不锈钢 佐藤商事
Stainless-steel fork ladle

173 锅铲 1997 18-8 不锈钢 佐藤商事
Stainless-steel turner

Clay model for motorcycle

207 农用拖拉机的研究模型 1968 小松国际
Study model for agricultural motor tractor

208 电动三轮车 1956 三井精机
Auto-tricycle

209 电动三轮车 尺寸草图
Rough sketch for auto-tricycle

210 垃圾桶 不锈钢
Stainless-steel trash box
设置在银座大道。

211 下水道井盖的设计 西原卫生工业所
Manhole cover design

212 吸烟处设施 1976 青木金属
Smoking stands

213 公交站／自行车停放处的遮挡棚 1975 寿社
Shelter for bus stop or bicycle shed
通过单元组合，能够组装出三种遮挡棚。

214 树叶形人行天桥 1968
Plan for leaf type pedestrian bridge
该桥梁由钢管构成树叶状曲面，整体为立体桁架结构。桥的两侧略微突出，画出弧形，不仅与力量的流向一致，还为行人留出了更多的空间，增加安全感。下图是该桥梁的鸟瞰图。两端为螺旋状楼梯，右侧的螺旋内侧为陡峭的楼梯，外侧为缓坡。左侧则相反，内侧是缓坡，外侧是陡峭的楼梯。无论哪一侧，都可以通过中间的平台从楼梯移到斜坡，或从斜坡移到楼梯。

215 环状人行天桥 1968
Plan for ring type pedestrian bridge
该桥梁由钢管搭成环形的立体桁架，不仅轻便，在结构上也具有良好的截面性能。从形态上看，由于该桥梁的楼梯可以安放在任何位置，所以除了十字路口以外，也可以设置在其他各式路口。考虑到位于市区，将四组附属楼梯的占地空间尽量缩减，并设计成了容易攀爬并富有乐趣的形态。

216 环状人行天桥 1968
Plan for ring type pedestrian bridge
在此阶段可以看到环状人行天桥的桁架、构造和钢管的立体桁架。

217 钢筋桁架结构的人行天桥 1968
Plan for pedestrian bridge
该方案以轴线上的钢管桁架为主要结构，利用由立体桁架组成的桥墩抬高桥面，同时增加了桥面内部的弯曲刚度。如果配合条件调整主结构的高度和上弦材料的横向曲度，甚至能用于长跨距大桥的设计，是非常灵活的方案。

218 钢筋桁架结构十字形人行天桥 1968
Plan for pedestrian bridge
该方案是以设置在十字路口为前提设计的天桥，采用由钢管桁架组合而成的十字梁形式，起到相互补强的效果。从力学角度来看，这种形式对于上弦材料的横向屈曲也十分有利，即使做成长跨度大桥，中间也不需要添加支柱，不会阻碍车的流动，能够更好地发挥十字路口的功能。如果旁边有富余空间，还可以为自行车、婴儿车等设置斜坡，打造更令人愉悦的空间。

219 贝壳形人行天桥 1968
Plan for shell type pedestrian bridge
完全由楼梯组成的独特的天桥。如果设置在广场或公园等区域，除了发挥过街天桥的功能之外，还可以用作儿童游乐场和市民的休憩场所，给人们带来快乐。

220 贝壳形人行天桥 1968
Plan for shell type pedestrian bridge
不改变台阶高度，仅使台阶宽度呈现有规律的数学变化，在同心圆上层层堆叠。

221 三岔路拱形人行天桥 1968
Plan for arch type pedestrian bridge
一种通过三岔路上的三个拱形柱来处理垂直负荷的悬挂式人行天桥。通过位于拱形中央接点的三座拱形的组合，巧妙地防止整体结构因水平运动而扭曲。

222 三岔路拱形人行天桥 1968
Plan for arch type pedestrian bridge
通过一根连接在拱梁上的轻薄简洁的Y形钢架，使三岔路显得不再错综繁杂。

223 东名高速公路：东京收费站隔音墙（左页）与中央隔离带中的隔音墙（右页）1980 日本道路公团
Tomei Expressway: Soundproof panel fences at Tokyo tollgate (left page) and median strip (right page)

224 东名高速公路：东京收费站隔音墙全景 1980 日本道路公团
Tomei Expressway: Bird's-eye view of Tokyo tollgate

225 关越机动车道：关越隧道入口设计 1985 日本道路公团
Kan'etsu Expressway: Approach to Kan'etsu Tunnel

226 关越机动车道：关越隧道入口模型 采光部
Kan'etsu Expressway: Model of Approach to Kan'etsu Tunnel

227 东名高速公路：足柄桥全景
Tomei Expressway: Model of Ashigara Bridge

228 东名高速公路：足柄桥（斜拉桥）的桥塔侧面 1991 日本道路公团
Tomei Expressway: Tower of cable-stayed bridge "Ashigara Bridge"

256 日本民艺馆"草·天鹅绒"展览布置 1983
Display design for the exhibition "Grass Velvet" at Japan
Folk Crafts Museum

257 意大利米兰市立现代美术馆"柳宗理"展览布置 1980
Display design for the exhibition "Sori Yanagi, Designer
Opere dal 1950 al 1980" at Padigline d'Arte Contemporanea
di Milano, Italy

258 德国卡塞尔第三届文献展"柳宗理"展览布置 1964
Display design for the exhibition "Sori Yanagi" at the 3rd
Documenta, Kassel, West germany

259 银座松屋"第一届柳工业设计研究会展"展览布置 1956
Display design for "First Exhibition of Yanagi Industrial
Design" at Matsuya Design Gallery, Ginza

260 意大利米兰市立现代美术馆"柳宗理"展览布置 1980
Display design for the exhibition "Sori Yanagi, Designer
Opere dal 1950 al 1980" at Padigline d'Arte Contemporanea
di Milano, Italy

261 银座松屋设计艺廊"无名设计展"作品 1965
Anonymous design works exhibited in "Anonymous Design"
exhibition at Matsuya Design Gallery, Ginza
a: 剪刀 Scissors
b: 冰镐 Ice ax
c: 南极观测用防寒靴 Arctic boots for Antarctica observation
party
d: 剑道笼手 Fencing gloves
e: 船用金属卸扣 Chackles for sailing
f: 烧瓶 Flask
g: 缆桩／剑道护具 Bollard/Protectors for kendo
h: 捕手手套 Catcher's glove
i: 绝缘子 Insulators
j: 蒸发皿、烧杯、算盘、裁缝用刮刀 Evaporating dishes,
beaker, soroban and tracing spatula
k: 螺旋桨 Screw
l: 球 Ball
m: 曲轴 Crankshaft
n: 足袋 Tabi

262 观看戈雅笔下裸女的柳宗理
Sori Yanagi, looking at the nude painting by Goya
该照片由工作人员古屋英之助合成。

263 在阿斯彭国际设计大会会场，站在赫伯特·拜耶的壁画作品面前
的柳宗理 1956
Sori Yanagi, standing in front of wall painting designed by
Herbert Bayer in the hall for Aspen International Design
Conference

264 横滨市营地铁：壁画 1972
Yokohama Subway: Wall painting

265 日本民艺馆创立 50 周年纪念碑 1986 黑御影石
Monument commemorated the 50th anniversary of the
foundation of Japan Folk Crafts Museum

凡例

本书作为 1998 年 4 月"柳宗理设计·战后设计先驱"展（东京·Sezon 美术馆）的图鉴出版（Editions Treville 出版社），随后在 1998 年 10 月，作为柳宗理作品集的译本，由河出书房新社出版发行。

本书对内容进行了部分变更，并对大事年谱进行了修订、追加。

原则上对用语、固有名词的表述和作者引用的文章、语言表现均采用原文。

在翻译时，针对日语的固定表述和固有名词，也会视情况保留原文。

编辑信息

设计	柳宗理
照片拍摄	柳宗理
	古屋英之助
	杉野孝典
	关丰
	田中俊司
照片提供	一般财团法人柳工业设计研究会
	日本民艺协会
	公益财团法人日本民艺馆
日语版编辑	Sezon 美术馆
	日本经济新闻社
日语版出版方	河出书房新社股份有限公司
日语版协作编辑	一般财团法人柳工业设计研究会
	羽原肃郎
	粟野由美
	林美佐
	川合健一
英语翻译	内海祯子、内海京子、冈 Shigemi、新见隆

简体字版艺术总监 一般财团法人柳工业设计研究会
（主编：柳新一，副主编：藤田光一）

图书在版编目（CIP）数据

柳宗理设计 ／（日）柳宗理著；金静和译 . —— 北京：新星出版社，2021.10

ISBN 978-7-5133-4583-5

Ⅰ . ①柳… Ⅱ . ①柳… ②金… Ⅲ . ①工业设计－作品集－日本－现代 Ⅳ . ① TB47

中国版本图书馆 CIP 数据核字（2021）第 142595 号

柳宗理设计

［日］柳宗理 著　金静和 译

策划编辑：东　洋

责任编辑：李夷白

责任校对：刘　义

责任印制：李珊珊

装帧设计：渡　非

出版发行：新星出版社

出 版 人：马汝军

社　　址：北京市西城区车公庄大街丙3号楼　　100044

网　　址：www.newstarpress.com

电　　话：010-88310888

传　　真：010-65270449

法律顾问：北京市岳成律师事务所

读者服务：010-88310811　　service@newstarpress.com

邮购地址：北京市西城区车公庄大街丙 3 号楼　　100044

印　　刷：北京美图印务有限公司

开　　本：635mm×965mm　　1/8

印　　张：23.25

字　　数：96千字

版　　次：2021年10月第一版　　2021年10月第一次印刷

书　　号：ISBN 978-7-5133-4583-5

定　　价：258.00元

版权专有，侵权必究；如有质量问题，请与印刷厂联系调换。